计算机类技能型理实一体化新形态系列

Vue.js 3.x
前端开发技术

（微课版）

主　编　林龙健　王　磊
　　　　刘冬民
副主编　李观金　邝楚文
　　　　汪海涛

U0227796

清华大学出版社
北京

内 容 简 介

本书根据 Web 前端开发岗位的职业能力要求、Web 前端开发职业技能等级标准以及相关技能竞赛内容,重构形成模块化教学内容。全书包括初识 Vue 3、搭建 Vue 3 的开发环境、构建 Vue 3 项目、变量和方法、响应式数据、模板语法、状态监听、计算属性、组件、插槽、生命周期、动画和过渡、路由、状态管理、网络请求、项目实战共 16 个模块。另外,还在附录中介绍了 Web 前端开发职业技能等级标准。全书内容由浅入深,既有示例,又有项目实践,理实一体,实用性强。

本书既注重学生职业能力的培养,又注重综合素质的提升。本书配套提供微课视频等丰富的数字化资源,同步提供线上课程平台。本书可作为高校计算机相关专业教材,也可作为广大 Vue 框架开发爱好者、Web 前端开发岗位从业人员等的学习用书。

图书在版编目(CIP)数据

Vue.js 3.x 前端开发技术：微课版 / 林龙健,王磊,刘冬民主编. -- 北京：清华大学出版社,2024.10.
(计算机类技能型理实一体化新形态系列). -- ISBN 978-7-302-67280-7

Ⅰ. TP393.092.2

中国国家版本馆 CIP 数据核字第 2024563M3Z 号

责任编辑：张龙卿
封面设计：刘代书　陈昊靓
责任校对：袁　芳
责任印制：沈　露

出版发行：清华大学出版社
　　　　网　　址：https://www.tup.com.cn,https://www.wqxuetang.com
　　　　地　　址：北京清华大学学研大厦 A 座　　　　邮　　编：100084
　　　　社 总 机：010-83470000　　　　　　　　　　邮　　购：010-62786544
　　　　投稿与读者服务：010-62776969,c-service@tup.tsinghua.edu.cn
　　　　质量反馈：010-62772015,zhiliang@tup.tsinghua.edu.cn
　　　　课件下载：https://www.tup.com.cn,010-83470410
印 装 者：三河市龙大印装有限公司
经　　销：全国新华书店
开　　本：185mm×260mm　　　印　　张：12.75　　　字　　数：291 千字
版　　次：2024 年 11 月第 1 版　　　印　　次：2024 年 11 月第 1 次印刷
定　　价：48.00 元

产品编号：108030-01

前 言

随着互联网技术的高速发展,Web 前端行业成为 IT 行业中最活跃的领域之一,这也进一步催生了社会对 Web 前端开发人才的大量需求。Web 前端技术的不断创新,如当前最流行的 Vue.js、React 等框架的出现,极大地提升了 Web 前端项目的开发效率和效果,因此,熟练掌握 Web 前端框架应用技术已成为 Web 前端开发岗位的基本要求。

本书与其他同类教材相比,具有以下特色。

(1) 教材内容新。本书的内容基于最新 Vue 3 框架的组合式 API 编程风格进行编写,路由模块采用了最新的 Vue Router 4.x,状态管理模块采用了 Pinia,网络请求模块采用了 Axios 等。

(2) 编写模式新。本书面向 Web 前端开发职业岗位,采用了"岗课赛证"模式进行编写,不仅融入了 Web 前端开发职业技能等级标准和相关技能竞赛内容,还融入了素质目标元素,能够很好地支撑教师开展课程教学改革。

(3) 配套资源齐。本书配套有微课视频、教学 PPT、教学设计、课后习题、相关素材等,另外还同步配套了精品在线开放课程,能够很好地支撑教师的教和学生的学。

(4) 实用性强。本书根据"实用、够用"原则编写,书中所用的示例、案例和项目均贴近实际需求,实用性非常强。

本书由林龙健、王磊、刘冬民担任主编,李观金、邝楚文、汪海涛担任副主编,黄龙泉、凡飞飞、王章锐、张毅恒参编,全书由钱英军主审。

由于编者水平有限,书中难免存在不足之处,敬请广大读者批评、指正。

编 者

2024 年 5 月

前　言

目　录

V

模块 1　初识 Vue 3

知识目标

- 了解 Vue 的定义及特点。
- 了解 Vue 的发展简史。
- 理解 Vue 的工作原理。
- 了解 Vue 的应用场景。
- 了解 Vue 与其他框架的优缺点。
- 了解当前流行前端框架的发展趋势。

能力目标

- 能够简述 Vue 的定义、特点及发展简史。
- 能够简述 Vue 的工作原理。
- 能够分析 Vue 与其他框架的优缺点。

素质目标

- 培养学生的自主探究能力。
- 培养学生热爱编程并具有职业认同感。
- 增强学生的民族自豪感。
- 培养学生良好的编程习惯。
- 培养学生对程序设计的兴趣。

知识导图

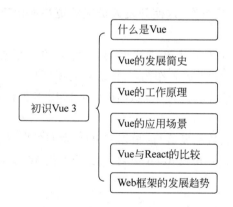

1.1　什么是 Vue

　　Vue(发音为[vju:])是一款用于构建用户界面的 JavaScript 框架。Vue 是由尤雨溪 (Evan You)于 2014 年首次发布的。尤雨溪出生于江苏无锡,在上海读完高中后,2005 年到美国主修艺术史,硕士主修美术设计与技术,并开始慢慢接触编程。硕士毕业后曾就职于 Google Creative Labs 和 Meteor Development Group。由于工作中大量接触开源的 JavaScript 项目,最后自己也走上了开源之路,现在全职开发和维护 Vue。目前, Vue 已成为全球最热门的 Web 前端框架。正是尤雨溪对技术的热爱和真正的匠人精神成就了他,尤雨溪也成为 IT 界华人的骄傲。

Vue 简介

Vue 创始人尤雨溪

　　Vue 框架是基于标准 HTML、CSS 和 JavaScript 构建的,并提供了一套声明式的、组件化的编程模型,能够高效地帮助开发人员构建用户界面。

　　相比于其他的框架,Vue 具有以下特点。

　　(1) 简单易学。Vue 采用了基于组件的开发模式,允许开发人员将应用程序拆分成小组件。这种组件化的开发方式使代码更易于理解、维护和重用。同时,Vue 提供了清晰的文档和丰富的示例,使新手能够迅速上手并掌握框架的核心概念。

　　(2) 响应式数据绑定。Vue 采用了双向的数据绑定机制,使数据的变化可以自动反映在视图中,同时用户对视图的操作也能够同步到数据上。这种响应式数据绑定的特性大大简化了开发过程,减少了手动操作 DOM 的烦琐工作,提高了开发效率。

　　(3) 轻量高效。压缩后 Vue 只有几十千字节(KB)大小。相比其他框架,它加载速度快,并且执行效率高,这使得 Vue 非常适合开发移动端应用,既能提供良好的用户体验,又能节省带宽和加载时间。

　　(4) 生态系统丰富。Vue 拥有一个庞大而活跃的社区,因此有许多优秀的第三方库和插件可供使用。无论是路由管理、状态管理、数据可视化还是 UI 组件,都能在 Vue 的生态系统中找到合适的解决方案,这使开发人员能够更快地构建复杂的应用,并且能够从其他社区成员的经验中受益。

　　(5) 渐进式框架。Vue 是一个渐进式框架,意味着可以根据项目需求逐步引入其核心功能。开发人员可以先使用 Vue 作为一个简单的视图层库,然后逐渐扩展功能,包括路由、状态管理和构建工具等。这种灵活性使 Vue 适用于各种规模的项目,从小型应用到大型单页应用。

　　近年来,Vue 在开发领域越发流行,根据 CSDN 发布的"2023 中国开发者调查报告", 有 36.1% 的开发者使用 Vue 开发 Web 项目。以下提供 Web 框架使用人数占比排名供读者参考,如图 1-1 所示。

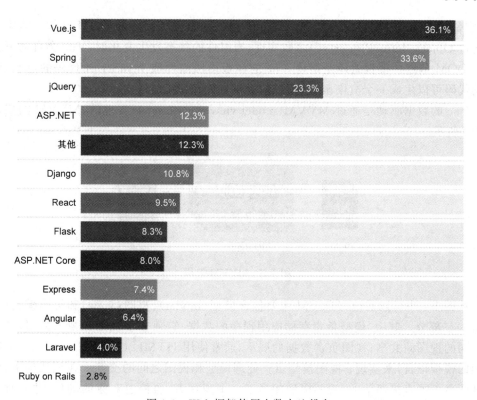

图 1-1　Web 框架使用人数占比排名

1.2　Vue 的发展简史

2014 年 2 月,发布了 Vue 的第一个正式版本 Vue 0.8.0。

2014 年 10 月,发布了 Vue 0.10.0 版本,该版本引入了过渡效果、动画系统等特性。

2015 年 10 月,发布了 Vue 1.0.1,该版本是 Vue 历史上的第一个里程碑。同年,Vue-router、Vuex、Vue-cli 相继发布,标志着 Vue 从一个视图层发展为一个渐进式框架。

2016 年 10 月,发布了 Vue 2.0.0 版本,该版本引入了虚拟 DOM、服务端渲染等特性,是 Vue 历史上的第二个里程碑。

2020 年 9 月,发布 Vue 3.0 版本,该版本带来了许多新特性,包括 Composition API(组合式 API)、新的内置组件、生命钩子等,同时附带了一个完整的 GUI 用于创建和管理项目。

1.3　Vue 的工作原理

Vue 的工作原理可以概括为"数据驱动视图",其底层原理包括虚拟 DOM、响应式系统和模板编译。虚拟 DOM 是 Vue 的核心概念之　Vue 的工作原理

3

一,它是将 DOM 树映射成一个 JavaScript 对象,用于实现高效的 DOM 操作。响应式系统通过 Object.defineProperty()函数实现,当组件的状态发生变化时,Vue 会自动更新相应的 DOM 节点。模板编译是指将 Vue 的模板语法编译成 JavaScript 代码的过程,编译后的代码可以生成一个渲染函数,用于渲染组件的虚拟 DOM 树。

Vue 的数据驱动是通过 MVVM(model-view-view model)实现的,MVVM 的架构如图 1-2 所示。

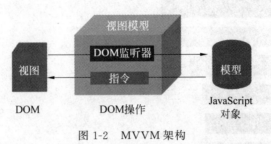

图 1-2　MVVM 架构

从图 1-2 中可以看出,MVVM 主要包含模型(model)、视图(view)和视图模型(view model)三部分。其中,模型负责存储应用程序的数据,它独立于视图和视图模型,且能够在不同的视图间共享;视图负责数据的展示,通常使用 HTML、CSS 和 JavaScript(或特定框架的模板语言)来实现;视图模型负责处理模型和视图之间的交互。在该架构中,模型和视图是不能直接通信的,视图模型相当于一个观察者,监控着双方的动作,并及时通知进行相应操作。当模型发生变化时,视图模型能够监听到这种变化,并及时通知视图进行相应的修改;反之,当视图发生变化时,视图模型监听到变化后,通知模型进行修改,从而实现了视图和模型的互相解耦,实现了数据的响应式特性。

1.4　Vue 的应用场景

由于 Vue 3 具有多种特点和强大的功能,它在 Web 开发中应用非常广泛,主要体现在以下三个领域。

(1)单页应用(SPA)。Vue 与现代前端开发中的单页应用紧密结合。通过 Vue 路由实现页面之间的无刷新切换,通过 pinia 进行状态管理,通过 Axios 进行网络请求,可以构建出功能强大、用户体验良好的单页应用。

(2)移动端应用。由于 Vue 具有体积小、运行速度快等特点,非常适合开发移动端应用。结合 Vue CLI 提供的移动端模板和 UI 组件库,能够快速构建出响应式的移动应用程序。

(3)桌面应用。Vue 也可用于构建桌面应用程序。通过将 Web 技术与原生桌面应用的功能结合,可以实现跨平台的桌面应用程序开发。

总之,Vue 作为一款简单、灵活、高效的框架,已经赢得了广大开发人员的青睐。在不断发展的前端领域,Vue 有着巨大的潜力,并且有望在未来继续推动 Web 开发的进步。Vue 3 版本通过性能提升、减小体积、框架兼容等改进,应用场景将更加广泛,能够提供更好的开发体验和性能表现。作为前端开发人员,掌握 Vue 3 的核心特性十分重要,是必会技能和企业面试重点内容。

目前,支持 Vue 3 的 UI 组件库越来越多,表 1-1 为常见 UI 组件库。

表 1-1　支持 Vue 3 的 UI 组件库

库　名　称	简　　介
element-plus	这是一款基于 Vue 3 并面向设计师和开发者的组件库。该组件库提供丰富的 UI 组件和交互效果,能够帮助开发人员快速构建出优雅、高效且响应式的 Web 应用界面
Ant Design Vue	Ant Design Vue 是由蚂蚁金服开发的一套基于 Ant Design 和 Vue 的企业级 UI 组件库,该组件库多用于开发和服务于企业级后台产品
Vant	Vant 是一个轻量、可靠的移动端组件库,于 2017 年开源。Vant 官方提供了 Vue 2 版本、Vue 3 版本和微信小程序版本。目前该组件库的最新版本为 Vant 4. x,适用于 Vue 3 开发
VueUse	VueUse 是基于 Vue 3 组合式 API 的工具库,它提供了一系列可重用的 Vue 组件和函数,可帮助开发者轻松构建复杂的应用程序

1.5　Vue 与 React 的比较

在 Web 前端开发领域,Vue 和 React 是当前最流行的框架,它们都提供了构建用户界面的强大工具,但它们在实现方式、性能和设计理念上存在一些关键差异。以下是这两个框架之间的主要区别。

(1) 数据流方面的差异。Vue 的数据流是双向的,这意味着当数据发生变化时,组件可以自动更新;而 React 的数据流是单向的,组件必须显式地请求更新。这种差异在实现上表现为 Vue 使用数据劫持和发布订阅模式,而 React 则依赖于 shouldComponentUpdate 生命周期方法和 React. memo 进行优化。

(2) 组件化实现方面的差异。Vue 的组件系统相对简单易用,它允许开发者以声明式的方式构建组件,这意味着可以直接在模板中定义组件的结构和行为;而 React 则采用 JSX 语法,它是一种在 JavaScript 中编写 HTML 的语法,需要经过编译才能在浏览器中运行。虽然 React 组件是纯函数,但它们具有更好的灵活性,因为可以在组件中直接处理 props 和 state。

(3) 定位方面的差异。Vue 是一个轻量级的、响应式的前端框架,其核心团队最初希望尽可能降低前端开发的门槛;而 React 从一开始就定位于提供一种新的方式来处理 UI 开发,它推崇函数式编程、数据不可变特性和单向数据流。

(4) 本质方面的差异。Vue 通过 getter、setter 等函数的劫持来监听数据变化,从而实现了高效的响应式系统。而 React 则依赖于 diff 算法,通过比较新旧数据的差异来最小化 DOM 操作,从而提高性能。

总之,Vue 和 React 都是强大的前端框架,各有千秋。Vue 以其简洁性和灵活性成为初学者的理想选择，而 React 则更适合大型项目和团队开发。选择哪一个框架取决于项目需求、团队经验和开发习惯。无论选择哪一个框架，重要的是理解其工作原理和最佳实践，以便充分利用其功能并优化性能。

1.6 Web 框架的发展趋势

随着前端技术的不断发展，Vue、React 等 Web 前端框架也在不断演进和发展。未来这些框架的发展趋势可能包括以下几个方面。

（1）更加轻量级和易于上手。随着前端技术的普及和发展，越来越多的开发者将进入前端领域。为了吸引更多的开发者，框架需要更加轻量级和易于上手。未来这些框架可能会进一步简化其 API 和使用方式，降低学习曲线。

（2）更加灵活和可定制化。随着单页应用的普及和发展，越来越多的应用需要更加灵活和可定制的框架来满足其需求。未来这些框架可能会提供更多的特性和工具来支持应用的灵活性和可定制性。

（3）跨平台和跨设备支持。随着移动互联网的普及和发展，越来越多的应用需要支持跨平台和跨设备。未来这些框架可能会提供更多的特性和工具来支持应用的跨平台和跨设备支持，如响应式设计和自适应布局等。

（4）与其他技术的融合。随着前端技术的不断发展，前端框架与其他技术的融合也越来越重要。未来这些框架可能会提供更多的特性和工具来支持与其他技术的融合，如与后端技术、移动端技术等的融合。

（5）更加注重性能和效率。随着前端应用的规模不断扩大和复杂度不断提高，性能和效率成为前端应用的重要指标。未来这些框架可能会更加注重性能和效率的提升，如优化渲染性能及提高代码执行效率等。

总之，未来前端技术的发展趋势是多方面的，包括轻量级、易于上手、灵活可定制、跨平台和跨设备支持、与其他技术的融合以及注重性能和效率等。作为前端开发者，需要不断学习和掌握新的技术，以适应这些发展趋势并推动前端技术的发展。

练 习 题

一、单选题

1. Vue 是（　　）。
   A. 一门语言
   B. 一个 JavaScript 库
   C. 一套用于构建用户界面的渐进式 JavaScript 框架
   D. 一个编辑代码的工具
2. Vue 采用的架构是（　　）。

    A. MVVM   B. MVC   C. MMVV   D. VMVM

3. Vue 的创始人是(   )。

    A. 布莱登·艾奇   B. 冯·诺依曼

    C. 尤雨溪   D. 雷斯莫斯·勒道夫

4. 以下四个选项中,不属于 Vue 特点的是(   )。

    A. 简单易学   B. 响应式数据绑定

    C. 渐进式框架   D. 体积大

5. 关于 Vue 中的虚拟 DOM,说法不正确的是(   )。

    A. 虚拟 DOM 是一个轻量级的 JavaScript 对象,它代表了真实 DOM 的抽象

    B. 虚拟 DOM 与实际 DOM 之间并不存在映射关系

    C. 使用虚拟 DOM 可以更方便地进行组件化开发,提高代码的可维护性和可复用性

    D. 差异计算是虚拟 DOM 的核心算法

6. Composition API 是在 Vue(   )版本中引入的。

    A. 1.0   B. 2.0   C. 3.0   D. 0.8.0

7. Vue 的应用场景不包括(   )。

    A. 单页应用(SPA)   B. 移动端应用

    C. 服务端应用   D. 桌面应用

8. Vue 是在(   )年发布的。

    A. 2010   B. 2014   C. 2016   D. 2020

9. 下列关于 Vue 的优势的说法,错误的是(   )。

    A. 双向数据绑定   B. 轻量级框架

    C. 增加代码的耦合度   D. 实现组件化

10. Vue 是基于(   )编程范式。

    A. 面向对象   B. 串行   C. 声明式   D. 并行

11. 下列关于 Vue 的说法,错误的是(   )。

    A. Vue 与 Angular 都可以用来创建复杂的前端项目

    B. Vue 的优势主要包括轻量级、双向绑定

    C. Vue 的数据流是双向的

    D. Vue 与 React 的语法是完全相同的

二、简答题

1. 简述 Vue。

2. 简述 MVVM 框架。

3. 简述 Vue 应用场景以及它与 React 之间的区别。

4. 简述 Vue 的发展历程。

5. 简述 Vue 与 React 之间的区别。

模块 2　搭建 Vue 3 的开发环境

知识目标
- 了解 Node.js 及其不同版本的区别。
- 了解 VS Code 的优点、主要功能和应用场景。
- 了解 Vue Devtools 插件及其主要功能。

能力目标
- 能够安装 Node.js。
- 能够安装 VS Code 软件,并熟练管理 VS Code 扩展。
- 能够安装及使用 Vue Devtools。

素质目标
- 培养学生自主学习的能力。
- 培养学生发现问题和解决问题的能力。
- 提升学生的信息技术素养。

知识导图

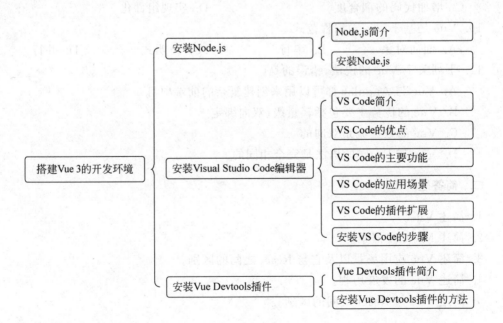

2.1　安装 Node.js

安装 Node.js

1. Node.js 简介

Node.js 发布于 2009 年 5 月,由 Ryan Dahl 开发,是一个基于 Chrome V8 引擎的 JavaScript 运行时环境,它可让 JavaScript 运行在服务器端。安装 Vue 需要借助 npm 指令集,通常会先安装 node.js 环境,npm 是随 Node.js 一起安装的默认包管理器,是一款用于在 Node.js 项目中管理和安装依赖的软件包。

2. 安装 Node.js

(1) 进入 Node.js 官方网站下载它,如图 2-1 所示。Node.js 有两种版本:一种是 LTS(long tenm support,长期维护版),该版本是提供长期支持的版本,只进行微小的缺陷(bug)修改,版本较稳定;另一种是 current(最新尝鲜版),该版本是当前发布的最新版本,含有最新的功能,有利于进行新技术的开发使用。

图 2-1　Node.js 下载页面

(2) 在下载页面下载 Node.js 的 LTS 版本。

(3) 下载完成后,双击安装包进行安装。在安装过程中全部使用默认值。

(4) 安装完成后,使用 Win＋R 组合键进入"运行"窗口,在该窗口中输出代码 cmd,此时会进入"命令行"窗口,在该窗口中输出命令 node -v 并按 Enter 键。如果输出了 Node.js 的版本信息,说明 Node.js 已成功安装,能够正常使用,如图 2-2 所示。

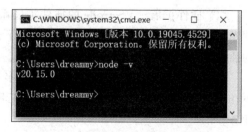

图 2-2　检测 Node.js 是否安装成功

2.2　安装 Visual Studio Code 编辑器

1．VS Code 简介

Visual Studio Code(VS Code)是由微软开发并维护的一款免费的跨平台代码编辑器,支持多种编程语言和框架,包括 JavaScript、TypeScript、Python、C♯等。它具有智能感知、调试、Git 版本控制、插件扩展等丰富的功能,并提供了用户友好的界面和高效的工作流程。VS Code 可以用于开发 Web 应用程序、桌面应用程序、移动应用程序等,也可作为普通文本编辑器使用。由于其轻量级、快速、易扩展的特点,VS Code 已成为开发者喜爱的工具之一。

安装 VS Code
编辑器

2．VS Code 的优点

相比其他编辑器,VS Code 有以下优点。

* 轻量级:在保证功能强大的同时,VS Code 的文件大小和占用内存较小,启动速度快。
* 多平台支持:VS Code 支持 Windows、macOS 和 Linux 等多个操作系统。
* 全球化:VS Code 拥有活跃的全球化社区,支持多种语言和文化。

3．VS Code 的主要功能

VS Code 拥有众多实用的功能和特点,让开发者可以更加高效地编写代码。以下是 VS Code 一些重要的功能。

(1) 智能感知。VS Code 提供了先进的智能感知功能,可以自动补全代码并提示关键字等,从而减少了开发者出错的可能性。其内置的 IntelliSense 技术还可以根据编程语言、项目类型等因素提供不同的智能感知选项。

(2) 调试工具。VS Code 拥有强大的调试工具,支持多种编程语言和框架。它可以帮助开发者快速定位和解决问题,提升代码质量。

(3) Git 版本控制。VS Code 内置 Git 的功能,可以方便地管理代码版本,提交修改并追踪变更历史记录。此外,还可以使用 VS Code 自带的 GitLens 插件来扩展 Git 功能。

(4) 插件扩展。VS Code 的插件扩展系统非常强大,拥有数量庞大且不断增长的插件库。可以在市场中找到各种插件,涵盖了开发、测试、部署等各个方面。通过安装适合的插件,可以轻松地扩展 VS Code 的功能。

(5) 多语言支持。VS Code 支持多种编程语言,包括 JavaScript、TypeScript、Python、C♯等。它提供了相应的插件和工具,让开发者可以在同一个编辑器中完成多种任务。

4. VS Code 的应用场景

由于 VS Code 具有丰富的功能和良好的用户体验,它在各种开发场景中得到广泛应用。以下是一些常见的应用场景。

(1) Web 开发。VS Code 可以用于开发不同类型的 Web 应用程序,如前端 Web 应用程序、后端 Web 应用程序及全栈应用程序。通过安装相应的插件和工具,开发者可以在 VS Code 中完成各种 Web 开发任务。

(2) 桌面应用程序开发。VS Code 支持多种语言和框架,如 Electron、Java、C♯ 等,可以满足不同类型的桌面应用程序开发需求。

(3) 移动应用程序开发。VS Code 可以作为移动应用程序开发的辅助工具,支持多种移动应用程序的开发环境和框架,如 React Native、Flutter 等。通过安装相应的插件和工具,开发者可以在 VS Code 中更加高效地编写代码。

(4) 云开发。随着云服务的不断普及,云开发成为一个热门的领域。VS Code 支持各种云服务的开发环境和工具,如 Azure、AWS 等,可以帮助开发者更加方便地管理云资源和部署应用程序。

5. VS Code 的插件扩展

VS Code 的插件扩展是其最重要的特点之一,其中包含大量实用的插件,覆盖了几乎所有的开发场景,以下是一些常用的插件。

(1) Prettier。Prettier 是一款流行的代码格式化插件,可以帮助开发者快速统一代码风格,并提高代码可读性。

(2) ESLint。ESLint 是一款强大的代码检查工具,可以帮助开发者快速检查代码中的潜在问题,并提高代码质量。

(3) GitLens。GitLens 是一款强大的 Git 管理工具,可以扩展 VS Code 的 Git 功能,并提供更加详细和实用的 Git 信息。

(4) Live Server。Live Server 可以让开发者在浏览器中实时预览并编辑 HTML、CSS 和 JavaScript 代码。它还支持自动刷新页面,方便开发者进行 Web 开发。

(5) Remote Development。Remote Development 是一个强大的插件,可以让开发者远程连接到其他计算机或容器,使得开发者可以在任何地方使用 VS Code 进行开发。

6. 安装 VS Code 的步骤

在官网上下载 VS Code 的 TLS 版本,下载完成后双击安装包进行安装,在安装过程中全部使用默认值即可。安装完成后,此时会看到 VS Code 的界面是英文版的。

(1) 安装简体中文插件包。为了方便对工具的使用,我们来到扩展选项卡搜索安装插件 Chinese(Simplified)(简体中文)Language Pack for Visual Studio Code,如图 2-3 所示。该插件安装完成后,将会在右下角弹出提示,如图 2-4 所示,单击 Change Language and Restart 按钮,此时将会重新打开 VS Code,这时 VS Code 的界面就变成中文版的了。

(2) 安装 Vue-Official 等相关插件。为了提高编码效率,VS Code 集成了大量插件。

11

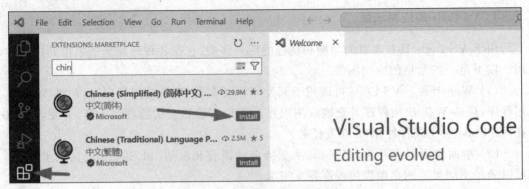

图 2-3　安装简体中文插件包

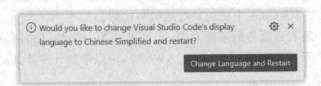

图 2-4　重启 VS Code

其中 Vue-Official 是 Vue 官方提供的一个插件,用于支持开发者在 VS Code 中高效地开发 Vue 项目。Vue-Official 插件(之前名称是 Volar)提供了语法高亮、TypeScript 支持等。它能够为< script lang＝"ts">块提供类型检查,能够对模板内表达式和组件之间的 props 提供自动补全和类型验证。Vue-Official 插件还能够为 Vue 单文件组件提供开箱即用的格式化功能。

当然,在 VS Code 的扩展管理库中,我们还可以安装 Vue 3 Composition Snippets、Vue 3-snippets-for-vscode 等插件,熟练使用这些插件的功能能够极大提高代码编写的速度,读者可根据实际需要安装。

2.3　安装 Vue Devtools 插件

1. Vue Devtools 插件简介

Vue Devtools 是 Vue 官方发布的专门用于调试 Vue 程序的浏览器扩展,可以安装在 Chrome 或 Firefox 等浏览上。Vue Devtools 提供了一系列强大的功能,帮助开发者更容易地调试和优化 Vue 应用程序。以下是 Vue Devtools 的主要功能。

安装 Vue Devtools

(1) 组件树查看。允许用户查看完整的 Vue 组件层次结构,以及每个组件的属性、数据、计算属性和插槽。

(2) 实时编辑。在 Vue Devtools 中直接修改组件的数据,可以立即在应用中看到变化。

12

（3）事件追踪。查看组件之间的事件传递，帮助开发者理解和调试组件间的交互。

（4）Vuex 集成。如果使用了 Vuex，可以在 Vue Devtools 中查看、追踪和编辑应用程序的状态。

（5）性能分析。提供组件渲染的性能数据，帮助开发者找到和解决性能瓶颈。

（6）插件支持。可以集成第三方 Vue 插件，为开发者提供更多的调试工具。

（7）定制设置。允许开发者根据自己的喜好调整 Vue Devtools 的外观和行为。

2. 安装 Vue Devtools 插件的方法

为了方便开发者安装 Vue Devtools，Vue 官方网站向开发者提供了专门的安装指引，具体的操作步骤如下。

（1）使用浏览器打开 Vue Devtols 网站，在该网页中单击 Install now 按钮，如图 2-5 所示。

图 2-5 Vue Devtools 网页主界面

（2）在打开的页面中，根据实际选择安装 Vue Devtools 插件扩展的浏览器，如图 2-6 所示。

图 2-6 选择安装 Vue Devtools 插件扩展的浏览器

13

（3）以下是以 Edge 浏览器为例讲解安装 Vue Devtools 插件的安装方法。单击 Install on Edge 选项,此时将会打开 Vue.js devtools 插件页面,如图 2-7 所示。在该页面上单击"获取"按钮,会弹出如图 2-8 所示的对话框,此时单击"添加扩展"按钮进行安装,安装完成后将会提示成功添加了该扩展。

图 2-7　Vue.js devtools 插件页面

图 2-8　添加扩展

总的来说,Vue Devtools 是每个 Vue 开发者必备的工具,无论是新手还是经验丰富的开发者,都可以从中受益。它简化了调试过程,提高了开发效率和应用质量。

练　习　题

一、单选题

1. 下列不属于 Vue 开发所需工具的是(　　　)。
   A. Chrome 浏览器　　　　　　　　　　　B. VS Code 编辑器
   C. Vue Devtools　　　　　　　　　　　　D. 微信开发者工具

2. npm 包管理器是基于(　　　)平台使用的。
   A. Node.js　　　　　　B. Vue　　　　　　C. Babel　　　　　　D. Angular

3. 以下 4 个选项中,不属于 VS Code 主要功能的是(　　　)。
   A. 智能感知　　　　B. 调试工具　　　　C. 可视化开发　　　D. 插件扩展

4. 关于 Vue Devtools 说法,不正确的是(　　)。

A. Vue Devtools 是 Vue 官方发布的专门用于调试 Vue 程序的浏览器扩展

B. Vue Devtools 具有组件树查看、实时编辑、事件追踪、Vuex 集成等功能

C. Vue Devtools 具有性能分析、插件支持、定制设置等功能

D. Vue Devtools 只能安装在 Chrome 浏览器上

5. 关于 Vue-Official 插件说法,不正确的是(　　)。

A. Vue-Official 是非官方的 VS Code 扩展

B. Vue-Official 提供了 Vue 单文件组件中的 TypeScript 支持

C. Vue-Official 提供了语法高亮、TypeScript 支持,以及模板内表达式与组件 props 的智能提示

D. Vue-Official 为 Vue SFC 提供了开箱即用的格式化功能

二、实操题

1. 下载并安装 Node.js。

2. 安装 Visual Studio Code 编辑器。

3. 在 VS Code 上安装 Vue-Official 插件。

4. 安装 Vue Devtools 插件。

模块 3 构建 Vue 3 项目

知识目标

- 掌握使用 Vue 3 的方法。
- 掌握构建 Vue 3 项目的方法。
- 熟悉 Vue 3 项目目录结构。
- 了解 Vue 3 组件的编程风格。

能力目标

- 能够使用 npm 工具构建 Vue 3 应用。
- 能够使用 Vue CLI 和 Vite 工具构建 Vue 3 项目。
- 能够创建 Vue 3 应用。
- 能够阐述 Vue 3 两种编程风格。

素质目标

- 培养学生的自主学习能力。
- 培养学生的职业认同感。
- 增强学生的民族自信心和自豪感。

知识导图

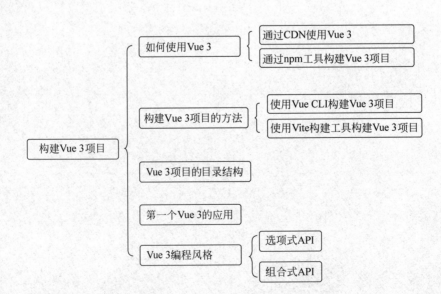

3.1　如何使用 Vue 3

要在项目中使用 Vue 3,常用的方法有以下两种。

如何使用 Vue 3

1. 通过 CDN 使用 Vue 3

CDN(content delivery network,内容分发网络)是一种用于加速内容分发的网络技术,用于在全球范围内分发内容,通常用于网站和 Web 应用程序。通过 CDN 使用 Vue 3 时,不涉及"构建步骤",直接从 CDN 引入 Vue 3 即可。这种方式使设置更加简单,并且可以用于增强静态的 HTML 或与后端框架集成。但是使用该方式将无法使用 Vue 3 单文件组件(SFC)语法。

以下使用 UNPKG(UNPKG 是一个基于 npm 仓库的静态资源 CDN 服务)引入 Vue 3,当然读者也可以使用其他可信任的 CDN,如 jsdelivr、cdnjs 等。

```
< script src = "https://unpkg.com/vue@3/dist/vue.global.js"></script>
```

2. 通过 npm 工具构建 Vue 3 项目

npm 可以用来解决 Node.js 代码部署问题。在安装 Node.js 时会自动安装相应的 npm,不需要单独安装。

通过 npm 可以管理本地项目的所需模块并自动维护依赖情况,也可以管理全局安装的 JavaScript 工具。如果一个项目中存在 package.json 文件,那么用户可以直接使用 npm install 命令自动安装和维护当前项目所需的所有模块。在 package.json 文件中,开发者可以指定每个依赖项的版本范围,这样既可以保证模块自动更新,又不会因为所需模块功能大幅变化导致项目出现问题。开发者也可以选择将模块固定在某个版本之上。

该种方法通常在构建大型应用时使用。因为 npm 工具的仓库源在国外,传输的速度较慢,建议在使用的过程中将仓库源的镜像更改为阿里的镜像。

注意:在查看或修改 npm 镜像源之前,需先安装 node.js。

(1)查看 npm 的镜像源。在系统的命令窗口或在 VS Code 的终端运行 npm config get registry 命令,即可查看 npm 的镜像源。图 3-1 是在 VS Code 的终端查看 npm 的镜像源。

(2)更改 npm 镜像源。在 VS Code 终端运行以下命令,即可将 npm 的镜像源修改为阿里的镜像。

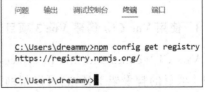

```
npm config set registry https://registry.
npmmirror.com
```

图 3-1　在 VS Code 的终端查看 npm 的镜像源

npm 镜像源修改完成后,就可以使用 npm 构建 Vue 3 项目了。

3.2 构建 Vue 3 项目的方法

在创建 Vue 3 项目时,首先要确定项目目录(如 D 盘),然后在 VS Code 中选择"文件"→"打开文件夹"命令,打开目录,如图 3-2 所示。

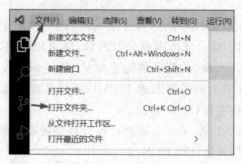

图 3-2 确定项目目录

在确定项目目录后,在 VS Code 中新建终端,如图 3-3 所示。新建好终端后就可以使用以下方法创建 Vue 应用了。

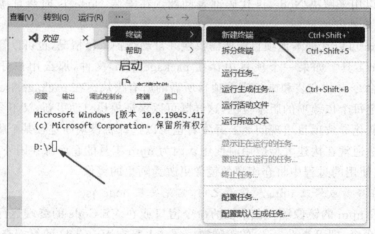

图 3-3 新建终端

1. 使用 Vue CLI 构建 Vue 3 项目

Vue CLI(command-line interface,命令行界面)是 Vue 3 官方提供的用于快速搭建
Vue 3 项目的脚手架工具,它可以帮助开发人员简化应用程序的开发过程,同时提供了创建和配置 Vue 项目所需的工具和依赖项。Vue CLI允许开发人员选择所需的插件和功能,快速搭建项目架构并开始编写代码。它还提供了开发服务器、构建和打包工具、自动化测试和部署等功能,使得开发人员可以更加高效地构建 Vue 3 应用程序。

使用 Vue CLI 构
建 Vue 3 项目

使用这种方法构建 Vue 3 项目的具体操作步骤如下。

（1）在终端输入命令 npm create vue@latest。

（2）输入项目名称（以项目名 myapp 为例）。

（3）选择安装组件，用默认值即可。组件包括是否使用 TypeScript 语法，是否启用 Jsx 支持，是否引入 Vue Router 进行单页面应用开发，是否引入 Pinia 用于状态管理，是否引入 Vitest 用于单元测试，是否要引入一款端到端测试工具，是否引入 ESLint 用于代码质量检测，是否引入 Vue DevTools 7 扩展用于调试。选择组件的操作完成后，将会初始化项目。项目初始化完成后，在 D 盘将会看到创建的项目文件夹 myapp。

（4）使用 cd myapp 命令进入项目目录 myapp。

（5）使用 npm install 命令安装相关依赖包。

（6）使用 npm run dev 命令运行 Vue 3 项目。

上述的操作结果如图 3-4 所示。

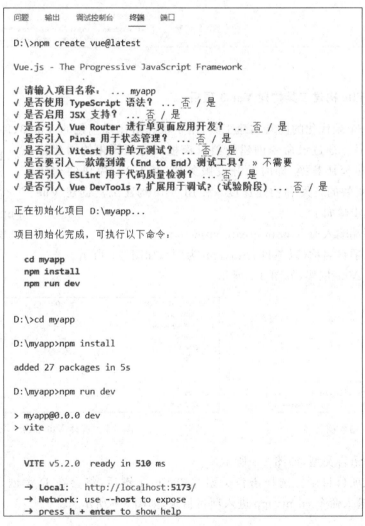

图 3-4　操作结果

（7）按住 Ctrl 键并单击如图 3-4 所示的链接 http://localhost:5173，即可打开项目页面，如图 3-5 所示，此时 Vue 3 项目构建成功。

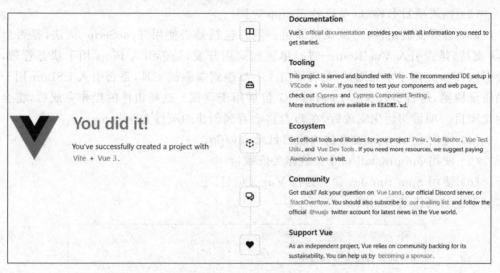

图 3-5　Vue 3 应用页面

2. 使用 Vite 构建工具构建 Vue 3 项目

Vite 是一个现代化的前端构建工具，用于快速搭建现代化的 Vue 3、React 或者原生 JavaScript 项目。通过该命令创建的项目模板具有现代化的构建特性，如快速的热模块替换、即时的开发服务器、基于 ES 模块的构建等，能够提供更快的开发和构建速度。使用 Vite 构建工具创建 Vue 3 项目的具体步骤如下。

使用 Vite 构建工具
构建 Vue 3 项目

（1）在终端输入命令 npm create vite@latest。

（2）输入项目名称（以项目名 myapp 为例），如图 3-6 所示。

（3）选择 Vue 框架，如图 3-7 所示。

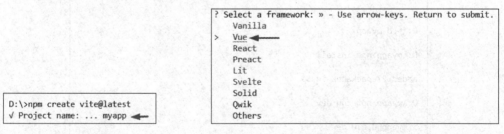

图 3-6　输入项目名　　　　　　　图 3-7　选择 Vue 框架

（4）选择语言类型，如图 3-8 所示。

（5）进入项目目录。选择语言类型并按 Enter 键后，将会在 D 盘创建项目文件夹 myapp，此时输入命令 cd myapp 进入项目目录，如图 3-9 所示。

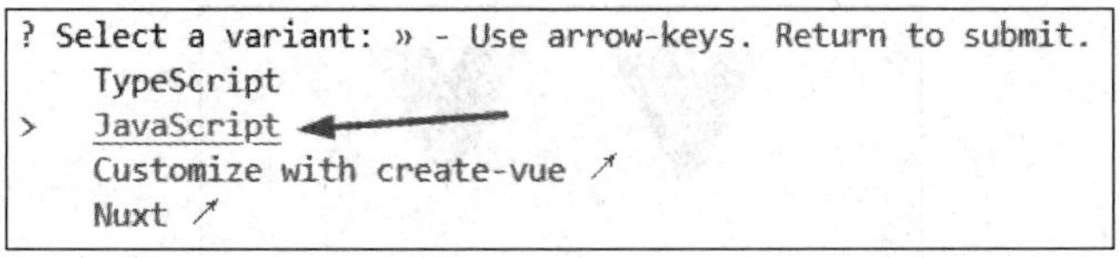

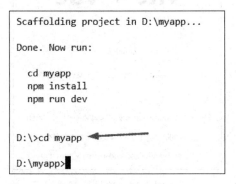

图 3-8 选择语言

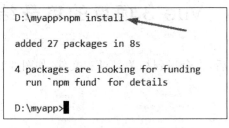

图 3-9 进入项目目录

（6）使用 npm install 命令安装项目依赖包，如图 3-10 所示。

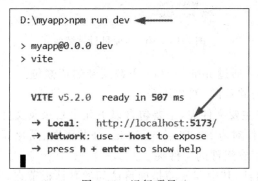

图 3-10 安装项目依赖包

（7）使用 npm run dev 命令运行项目，如图 3-11 所示。

```
D:\myapp>npm run dev

> myapp@0.0.0 dev
> vite


  VITE v5.2.0  ready in 507 ms

  →  Local:   http://localhost:5173/
  →  Network: use --host to expose
  →  press h + enter to show help
```

图 3-11 运行项目

（8）按住 Ctrl 键并单击链接 http://localhost:5173，即可打开项目页面，如图 3-12 所示，此时 Vue 3 项目构建成功。

21

图 3-12　项目页面

3.3　Vue 3 项目的目录结构

Vue 3 项目构建完成后,将会得到相关目录和文件,如图 3-13 所示。

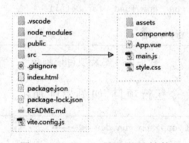

图 3-13　Vue 3 项目目录结构

(1) node_modules:通过 npm install 下载安装的依赖包。

(2) public:存放公共资源,如图片等。

(3) src:项目开发主要文件夹,主要包含以下几个目录及文件。

① assets:存放组件对应的 CSS、JavaScript 公共函数、图片等。

② components:存放组件的文件夹。

③ App.vue:根组件,其中存放的是项目访问的默认根节点,可以理解为首页加载的 Vue 资源。

④ main.js:项目的核心文件,是整个项目工程的入口文件,在加载相关的路由以及 Vue 组件。

(4) index.html:项目的入口页面文件。

（5）package.json：项目配置文件。

（6）package-lock.json：当前状态下实际安装的各个 npm package 的具体来源和版本号。

（7）README.md：项目说明文档。

3.4　第一个 Vue 3 的应用

在创建 Vue 3 的应用之前，有必要了解组件基础知识。在 Vue 3 中，组件是最核心的功能之一，它的目标就是提高代码的重用性，减少重复性的开发。它允许我们将 UI 划分为独立的、可重用的部分。每个组件都可以封装自定义的内容和逻辑。组件由组件的模板结构（template）、组件的行为（script）、组件的样式（style）三部分构成，其中，每个组件必须包含 template，而 script 和 style 是可选的组成部分。一个单独的 Vue 3 文件就是一个单文件组件。在一个 Vue 3 项目中，组件通常被组织成层层嵌套的树状结构，如图 3-14 所示。

第一个 Vue 3 的应用

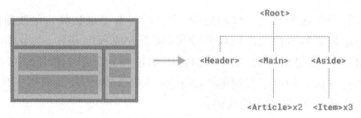

图 3-14　组件的树状结构

创建 Vue 3 的应用通常按以下的三个步骤进行。

（1）创建组件。组件的后缀名为".vue"，组件放置于"src/components/"文件夹中。

（2）创建并挂载应用。在 main.js 文件中使用 createApp()函数创建应用，然后把应用挂载到项目入口页面文件 index.html 的 id 为 App 的容器上。

（3）运行项目即可浏览具体的应用。

以下通过示例讲解如何创建 Vue 3 应用。

【案例 3-1】　创建 Vue 3 应用并在页面上输出红色的字符"Hello Vue!"。

（1）在"src/components/"文件夹中创建组件 Index.vue，具体代码如下。

```
<template>
    <h2>{{ welcome }}</h2>
</template>
<script>
    export default{
        setup(){
            const welcome = "Hello Vue!";
```

23

```
            return {
                welcome
            }
        }
    }
</script>
<style>
    h2{color:red;}
</style>
```

在上述的代码中,{{ }}是文本插值语法,主要用在模板中输出文本值;export default{}的作用是导出模块的默认输出,即向视图暴露(共享)包裹在大括号里的数据、函数等。setup()函数是组合式 API 的入口,在 setup()函数中定义的变量和方法最后都是需要暴露出去的,否则无法在模板中使用。

上述代码的<script>部分还可按照以下的写法。

```
<script setup>
    const welcome = "Hello Vue!";
</script>
```

从以上代码可知,这种写法的代码更少,主要得得益于语法糖。语法糖是指在不影响功能的情况下,添加某种方法实现同样的效果,从而方便程序开发。<script setup>是在单文件组件(SFC)中使用组合式 API 的编译时语法糖,当同时使用 SFC 与组合式 API 时,推荐使用该种方法。相比于普通的<script>语法,该种方法具有以下优势。

- 更少的模板内容、更简洁的代码。
- 能够使用纯 TypeScript 声明 props 和自定义事件。
- 更好的运行时性能(其模板会被编译成同一作用域内的渲染函数,避免了渲染上下文代理对象)。
- 更好的 IDE 类型推导性能(减少了语言服务器从代码中抽取类型的工作)。

(2) 修改 src 文件夹下的文件 main.js,修改后的代码如下。

```
//导入 createApp()函数
import { createApp } from 'vue'
//导入组件 Index.vue
import App from './components/Index.vue'
//创建应用实例
const app = createApp(App)
//把应用实例挂载到入口页面文件 index.html 的 id 为 app 的容器上
app.mount('#app')
```

(3) 在终端输入 npm run dev 命令并运行应用,页面效果如图 3-15 所示。

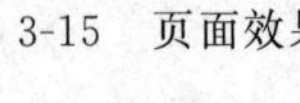

Hello Vue!

图 3-15　页面效果

24

3.5　Vue 3 编程风格

Vue 3 编程风格

Vue 3 提供了两种不同的编程风格：选项式 API 和组合式 API。

1. 选项式 API

选项式 API 是 Vue 3 最初的编程方式，开发者可以通过选项对象来定义一个组件，其中包括数据、计算属性、方法等。选项式 API 对于初学者来说易于理解，更加直观易懂，但在大型项目中，相关的逻辑分散在不同的选项中，这样使代码的维护和理解变得复杂。因此，该种编程方式适合中小型的项目，以及那些习惯于这种编程风格的 Vue 开发者。

2. 组合式 API

组合式 API 是 Vue 3 新增的一种新的编程方式，这种方式使用 setup() 函数作为组件的入口点，通过这个函数可以使用各种组合式 API 来构造复杂的逻辑，其灵活性和复用性比选项式 API 更高。因此，该编程方式适合构建大型应用和更加复杂的组件。

在实际的开发中，选哪种编程风格呢？

两种编程风格都能够覆盖大部分的应用场景。它们都是同一个底层系统所提供的两套不同的接口。实际上，选项式 API 是在组合式 API 的基础上实现的，关于 Vue 的基础概念和知识在它们之间都是通用的。

选项式 API 以"组件实例"的概念为中心，对于有面向对象语言背景的读者来说，这通常与基于类的心智模型更为一致。同时，它将响应性相关的细节抽象出来，并强制按照选项来组织代码，对初学者而言更为友好。

组合式 API 的核心思想是直接在函数作用域内定义响应式状态变量，并将从多个函数中得到的状态组合起来处理复杂问题。这种形式更加自由，但要高效地应用该种风格，也需要读者对 Vue 的响应式系统有更深的理解。

选项式 API 和组合式 API 并不是相互排斥的，而是可以根据项目的具体需求和开发者的偏好灵活选择和结合使用。

以下通过案例加深读者对这两种编程风格的理解。

【案例 3-2】　单击按钮实现数字自增 1。

（1）选项式 API 的写法如下。

```
<script>
    export default {
        //data() 函数返回的属性是具有响应式的数据，并且暴露在 this 上
        data() {
            return {
                count: 0
            }
        },
        //methods 属性用来放置函数
```

25

```
        methods: {
            //定义自增函数
            increment() {
                this.count++
            }
        }
    }
</script>
<template>
    <button @click = "increment"> Count 的值是: {{ count }}</button>
</template>
```

（2）组合式 API 的写法如下。

```
<script setup>
  import {ref} from 'vue'
  //定义响应式数据
  const count = ref(0)
  //定义自增函数
  const increment = () =>{
      count.value++
  }
</script>
<template>
    <button @click = "increment"> Count 的值是:{{ count }}</button>
</template>
```

练 习 题

一、单选题

1. 关于 CDN 的描述,不正确的是(　　)。
   A. CDN 的全称是 content delivery network,即内容分发网络
   B. CDN 的主要作用是进行域名解析
   C. CDN 系统能够实时地根据网络流量和各节点的连接、负载状况以及用户的距离和响应时间等综合信息,将网民的请求重新导向离用户最近的服务节点上
   D. CDN 可以提高网民访问网站的响应速度

2. 下列选项中,有关 npm 的说法正确的是(　　)。
   A. npm 的全称是 node package manager
   B. npm 是 Node.js 的包管理工具
   C. npm 提供了一些命令用于快速的安装和管理模块
   D. 安装 Node.js 后需要单独安装 npm

3. 下列(　　)是 Vue 官方提供的用于快速搭建 Vue 项目的脚手架工具。
   A. Angular CLI   B. React CLI   C. Vue CLI   D. Polymer CLI

4. 关于 Vue 的编程风格说法错误的是( )。

    A. Vue 提供了选项式 API 和组合式 API 两种编程风格

    B. 选项式 API 把相关的逻辑分散在不同的选项中,在大型项目中会使代码的维护和理解变得复杂

    C. 组合式 API 的灵活性和复用性比较高,适合构建大型应用和复杂的组件

    D. 组合式 API 比选项式 API 好,建议开发者都使用组合式 API 编程风格

5. Vue 组件由( )三部组成。

    A. template、ecmascript 和 style   B. template、Java 和 CSS

    C. HTML、CSS 和 JavaScript   D. template、script 和 style

6. 在使用 npm 工具构建 Vue 3 项目的过程中,用于下载项目依赖包的命令是( )。

    A. npm install   B. npm run dev

    C. npm create vue@latest   D. cd myapp

7. 在下列的四个选项中,可用于创建 Vue 应用的函数是( )。

    A. setup()   B. createApp()   C. data()   D. ref()

8. 在以下四个选项中,( )是 Vue 项目工程的入口文件。

    A. main.js   B. index.html   C. App.vue   D. package.json

二、实操题

1. 分别使用 Vue CLI 和 Vite 构建工具构建项目,项目名称为 test。

2. 创建一个组件,实现的功能是在页面上输出你的姓名、性别、年龄、专业等信息。

模块4 变量和方法

知识目标

- 理解 Vue 3 中变量、常量的原理及应用。
- 掌握箭头函数的使用。
- 掌握 Vue 3 方法及应用。

能力目标

- 能够使用 let 关键字声明变量。
- 能够使用 const 关键字声明常量存储响应式数据。
- 能够使用箭头函数定义函数。
- 能够根据需求定义 Vue 3 方法。

素质目标

- 培养学生自主探究的能力。
- 培养学生分析问题、解决问题的能力。
- 培养学生的逻辑思维能力。

知识导图

4.1　Vue 3 中的变量与常量

Vue 3 中的变
量与常量

　　let 和 const 这两个关键字在 Web 项目中应用得非常多。使用 let 关键字声明的变量是块级变量,块级变量只在当前作用域中有效;而使用 const 关键字声明的是常量,常量是指在程序执行的过程中不会改变值的特殊变量。

使用 let 声明的变量具有以下特征。

(1)没有变量提升。变量提升是 JavaScript 引擎在代码执行前将变量的声明部分提升到作用域的顶部的行为。这意味着可以在变量声明之前使用变量,尽管它们尚未被赋值。

(2)块级作用域。let 声明的变量只能在函数体内或花括号内起作用。

(3)不能重复声明变量,否则会报错。

在 Vue 3 项目中,通常使用 const 关键字声明常量来保存响应式数据,因为 Vue 3 的响应式系统是通过属性访问追踪的,因此必须始终保持对该响应式对象的相同引用,这也就是为什么在 Vue 3 中使用 const 定义常量来存储数据的原因。在使用 const 时应注意以下几点。

(1)const 定义的标识符必须初始化,即定义并赋值。示例代码如下。

```
const a = 1;
```

如果定义未赋值,则会提示错误:const 标识符未初始化。

(2)const 修饰的标识符不能被修改。示例代码如下。

```
const num = 1;
num = 2;
```

运行上述代码将会报错:再次给 const 修饰的标识符赋值。

(3)常量的含义为指向的对象(内存地址)不能改变,但对象的内部属性可以被改变。示例代码如下。

```
const obj = {
  name:'jim',
  sex:'男',
  age:18
}
obj.name = 'sunny';
```

运行上述代码,将会成功修改 obj 对象的 name 属性值。如果修改 obj 的指向,给 obj 重新分配一块空间,将会报错:const 修饰的 obj 常量已经存在并且被定义。示例代码如下。

```
const obj = {
  name:'jim',
  sex:'男',
  age:18
}
const obj = {};
```

为了进一步了解 const 的应用原理,以下以常量 obj 为例讲授 const 的应用原理。

obj 常量是通过地址去寻找属于它的空间的,例如,常量 obj 的地址是 X0001,那么 obj 的指向是地址为 X0001 的空间。要修改 X0001 地址空间里的属性值是可以的,如修改 age 的值为 20,obj 常量仍然指向这个地址,示意图如图 4-1 所示。

如果给 obj 常量赋一个新的对象时,意味着 obj 常量的地址修改,这时就会报错,示意图如图 4-2 所示。

图 4-1 obj 按地址寻找空间   图 4-2 修改常量

通过 const 定义常量,既可以增加代码的可读性,提高性能,又可以避免意外修改常量的值,特别是在多人协作的项目中。因此,在开发过程中,通常使用 const 声明响应式对象,以始终保持对该响应式对象的相同引用。

4.2 箭头函数

1. 箭头函数的定义及语法格式

箭头函数是一种匿名函数,它由 ES6 扩充完成。使用箭头函数来定义函数,语法将会更加简洁,同时还可提升代码的可读性和可维护性,在实际的 Web 项目中应用非常广泛。在 Vue 中可以使用箭头函数来访问组件(component)的数据和方法。箭头函数的语法格式如下。

箭头函数

(参数 1, 参数 2, ..., 参数 n) => { 函数体 }

箭头函数的具体说明如下。

(1)如果箭头函数没有参数时,小括号"( )"不能省略,其格式如下所示。

( ) =>{函数体}

(2)如果箭头函数的函数体只有一个表达式时,包裹函数体的花括号可以省略,其格式如下所示。

(参数 1, 参数 2, ..., 参数 n) => 表达式

(3)如果箭头函数只有一个参数时,包裹参数的小括号可以省略,其格式如下所示。

参数 1 =>{函数体}

(4)因为箭头函数是一种匿名函数,在实际的应用过程中,通常把函数赋给变量或常量。

```
const 函数名 = (参数 1, 参数 2, ..., 参数 n) => {
    函数体
}
```

2. 使用箭头函数的注意事项

在使用箭头函数时,需注意以下几点。

(1)箭头函数不能用于创建构造函数。

(2)箭头函数不绑定 this,即没有 this 的指向用法。

(3)箭头函数没有 auguments 对象。

(4)箭头函数没有 prototype 属性。

3. 箭头函数的应用

箭头函数的应用示例如下。

```
//创建箭头函数 sum
const sum = (num1,num2) =>{
    return num1 + num2
}
//调用箭头函数
console.log(sum(2,3)) //输出结果为 5
```

上述代码中,使用箭头函数方法创建了一个 sum()函数。

4.3　Vue 3 中的方法

在 Vue 2.x 中,可以在 methods 属性中添加方法,在 Vue 3 中仍然支持。而 Vue 3 还可以将原来 methods 中的方法写在 setup()方法中。定义好方法后,可以在模板中利用相关的事件进行调用。

Vue 3 方法的应用分为两步:一是定义方法;二是调用方法。示例代码如下。

Vue 3 中的方法

```
<template>
    <button @click = "welcome('李明')">欢迎</button>
</template>
<script setup>
    const welcome = (name) =>{
        alert('欢迎' + name + '同学!')
    }
</script>
```

上述代码运行效果如图 4-3 所示。

31

图 4-3　Vue 3 中的方法示例

4.4　综 合 案 例

请编写方法,当单击"自增"按钮时,实现变量值增 1;当单击"自减"按钮时,实现变量值减 1,并在页面上实时输出该变量值,效果如图 4-4 所示。

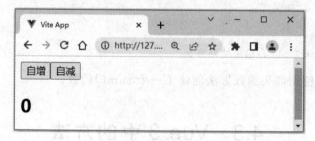

图 4-4　自增及自减效果

参考代码如下所示。

```
<template>
  <button @click="add">自增</button>
  <button @click="dec">自减</button>
  <h2>{{ num }}</h2>
</template>
<script setup>
  import {ref} from 'vue'
  const num = ref(0)
  const add = () =>{
    num.value++
  }
  const dec = () =>{
    num.value --
  }
</script>
```

练 习 题

一、单选题

1. 在 Vue 3 的应用中,通常使用(   )关键字定义响应式对象。

    A. var　　　　　　　B. let　　　　　　C. const　　　　　D. 都不是

2. 关于 const 的说法,不正确的是(   )。

    A. const 定义的标识符必须初始化

    B. const 修饰的标识符不能被修改

    C. 可以使用 const 关键字声明常量

    D. const 定义的标识符可以不用初始化

3. 箭头函数的语法是(   )。

    A. function() {}　　B. () => {}　　　C. ==> {}　　　D. => ()

4. 下面关于箭头函数的说法,正确的是(   )。

    A. 省略大括号后,仍然会自动用 return 返回值

    B. 函数体只有一条语句时可以省略大括号

    C. 函数体有多条语句时可以省略大括号

    D. 函数体有多条语句时会自动用 return 返回值

5. 箭头函数被引入 Vue 3 中用于(   )的目的。

    A. 实现函数的自动绑定　　　　　　B. 提供简洁的函数定义语法

    C. 改进函数的性能　　　　　　　　D. 以上都是

二、简答题

1. 为什么 Vue 3 中声明响应式对象一般用 const?
2. 简述 let 和 const 的区别。

三、实操题

1. 创建一个组件,在组件中声明一个变量 content 并存储字符串"Hello Vue 3!",然后输出到页面上。

2. 使用箭头函数创建一个求三个数最大值的函数。

3. 使用箭头函数的形式定义 show() 函数,该函数用于实现弹窗输出文本"奋斗的青春最美丽!",然后创建"查看"按钮,并给该按钮绑定单击事件以调用 show() 函数。

模块 5　响应式数据

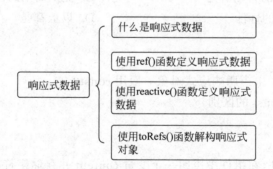

5.1　什么是响应式数据

在 Vue 3 的组合式 API 中,响应式数据是指 A 依赖于数据 B,当数据 B 的值发生变化时,会实时通知 A,以便让 A 及时响应。例如,在视图渲染的过程中使用了数据源 num,当数据源 num 的值发生变化时,视图也会自动更新。

非响应式数据只有在 setup( ) 函数中被 return 使用的变量才可以

什么是响应
式数据

在模板中使用,非响应式数据只能用于初始化渲染视图,当非响应式数据的值发生改变时,在视图上相应的非响应式数据的值不会发生实时改变。示例代码如下。

```
<template>
    <h3>num 的值是:{{ num }}</h3>
    <button @click = "num++;console.log(num);">非响应式数据</button>
</template>
<script setup>
    //定义非响应式变量 num
    const num = 6
</script>
```

上述的代码中,当单击"非响应式数据"按钮时,我们在控制台中会发现,变量 num 的值发生了变化,但是视图(即页面)上的值并没有发生变化,这说明变量 num 存储的数据是非响应式数据。

5.2　使用 ref()函数定义响应式数据

在 Vue 3 中,通过 ref()函数将基础类型和对象类型(包含数组)数据包装成响应式数据。在使用的过程中,需要注意以下两点。

- 在 setup()函数中要使用 ref()包装数据的值,需要通过.value方式,如在 setup()函数中输出变量 num 的值的写法为 num.value。

使用 ref()函数定义响应式数据

- 在模板中使用 ref()包装的数据可以直接使用,如{{num}}。

(1) 使用 ref()函数定义基础类型响应式数据。

示例代码如下。

```
<template>
    <h3>num 的值是:{{ num }}</h3>
    <button @click = "changeNum">更改 num 的值</button>
</template>
<script setup>
    import {ref} from 'vue'
    //定义响应式的变量
    const num = ref(6);
    //使用箭头函数定义方法 changeNum
    const changeNum = () =>{
        num.value++
    }
</script>
```

(2) 使用 Ref()函数定义对象类型响应式数据。

示例代码如下。

```
<template>
    <p>
        图书名称:{{ book.name }}< br />
```

35

```
      图书作者:{{ book.author }}< br />
      出版社:{{ book.publisher }}
    </p>
    < button @click = "changePublisher">更改出版社</button>
 </template>
 < script setup >
    import {ref} from 'vue'
    //定义响应式的变量 book
    cost book = ref({
      name:'工作手册式 CMS 建站项目实践',
      author:'林龙健',
      publisher:'未录入'
    });
    //使用箭头函数定义 changePublisher()函数
    const changePublisher = () = >{
      book.value.publisher = '清华大学出版社'      //更改对象属性 publisher 的值
      console.log(book.value.name)                //在控制台输出对象属性 name 的值
    }
 </script >
```

5.3 使用 reactive()函数定义响应式数据

使用 reactive()函数可以将一个复杂数据类型的数据包装成响应式数据,在使用过程中,需要注意以下两点。

(1) 该函数只对对象类型有效,对 Number、String、Boolean 等原始类型无效。

(2) 在 setup()函数中或在模板中获取数据时,采用"对象名.属性名"方式获取或设置数据,不需要加.value。

使用 reactive()
函数定义响
应式数据

示例代码如下。

```
< template >
  < p >
     图书名称:{{ book.name }}< br />
     图书作者:{{ book.author }}< br />
     出版社:{{ book.publisher }}
  </p>
  < button @click = "changePublisher">更改出版社</button>
</template>
< script setup >
   import {reactive} from 'vue'
   const book = reactive({
     name:'工作手册式 CMS 建站项目实践',
     author:'林龙健',
     publisher:'未录入'
   });
   const changePublisher = () = >{
     book.publisher = '清华大学出版社' //更改对象属性 publisher 的值
   }
</script >
```

5.4　使用 toRefs()函数解构响应式对象

toRefs()函数用于将响应式对象转换成一组独立的响应式引用,即转换后的对象的每个属性都是 ref 类型的响应式数据。转换后,可直接通过{{属性名}}在模板上输出数据,但在 setup()函数中需要使用.value 获取或设置属性值。

示例代码如下。

使用 toRefs()函数
解构响应式对象

```
<template>
  <p>
    图书名称:{{ name }}<br />
    图书作者:{{ author }}<br />
    出版社:{{ publisher }}
  </p>
  <button @click = "changePublisher">更改出版社</button>
</template>
<script setup>
  import {reactive,toRefs} from 'vue'
  //定义响应式的变量 book
  const book = reactive({
    name:'工作手册式 CMS 建站项目实践',
    author:'林龙健',
    publisher:'未录入'
  });
  //将响应式对象 book 转换为一组独立的响应式引用
  const {name,author,publisher} = toRefs(book)
  //使用箭头函数定义方法 changePublisher
  const changePublisher = () =>{
    publisher.value = '清华大学出版社' //更改对象属性 publisher 的值
  }
</script>
```

练 习 题

一、单选题

1. 在 Vue 3 中,响应式数据是指(　　)。
   A. 数据在被修改后,能够自动通知相关的组件进行更新
   B. 数据自动绑定
   C. 数据能够自动进行异步更新
   D. 数据的依赖追踪

2. 在 Vue 3 中,ref()函数的作用是(　　)。
   A. 创建响应式数据　　　　　　　　B. 定义计算属性

C. 创建一个变量   D. 监听数据变化

3. 在 Vue 3 中,toRefs()函数的作用是( )。

    A. 将一个响应式对象转换为普通对象

    B. 将一个普通对象转换为响应式对象

    C. 将一个对象的所有属性转换为单独的 ref 响应式数据

    D. 创建计算属性

4. toRefs()函数在将对象转换为响应式数据时的特点是( )。

    A. 转换后的数据仍然保持响应式

    B. 转换后的数据失去响应式能力

    C. 转换后的数据变成普通对象

    D. 转换后的数据无法通过点运算符访问

5. 在 Vue 3 中,ref()函数创建的响应式数据和 reactive()函数创建的响应式数据的区别是( )。

    A. ref()函数创建的数据需要使用.value 访问其值,而 reactive()函数创建的数据则不需要

    B. ref()函数创建的数据需要手动调用.value 进行赋值,而 reactive()函数创建的数据则不需要

    C. ref()函数创建的数据仅支持基本类型,而 reactive()函数创建的数据支持任意类型

    D. ref()函数创建的数据会自动解包,而 reactive()函数创建的数据不会自动解包

6. 关于 ref()函数定义的响应式数据说法正确的是( )。

    A. 在 setup()函数中使用.value 的方式访问其值

    B. 在模板中使用.value 的方式访问其值

    C. 在模板和 setup()函数中都可直接使用

    D. 在 setup()函数中直接使用

二、实操题

1. 分别使用 ref()函数和 reactive()函数创建并输出响应式的数据,数据项包括商品名称、生产日期、商品价格、产品数量。

2. 创建一个响应式对象 student,用于存储表 5-1 中的数据,并在页面上输出。

表 5-1 学生基本信息表

信息项	说 明	信息项	说 明
name	姓名	class	班级
sex	性别	political	政治面貌
age	年龄	tel	手机号码
number	学号	address	家庭住址
major	专业		

模块6 模板语法

知识目标

- 掌握文本插值的语法。
- 掌握内容渲染指令的应用。
- 掌握数据双向绑定指令的应用。
- 掌握属性绑定指令的应用。
- 掌握常用属性的应用。
- 掌握事件绑定指令的应用。
- 掌握条件渲染指令的应用。
- 掌握列表渲染指令的的应用。

能力目标

- 能够使用插值语法在模板上输出数据。
- 能够使用内容渲染指令向DOM元素插入内容。
- 能够根据需求实现数据的双向绑定。
- 能够根据需求将数据绑定到HTML元素的属性或组件上。
- 能够根据需求使用事件绑定指令监听DOM事件。
- 能够使用列表渲染指令渲染数据。
- 能够使用列表渲染指令循环输出数字。
- 能够使用列表渲染指令输出数组和对象的数据。

素质目标

- 激发学生的爱国情怀。
- 培养学生的创新意识和创新思维。
- 培养学生自主学习的能力。
- 培养学生严谨的逻辑思维。
- 培养学生分析问题与解决问题的能力。

知识导图

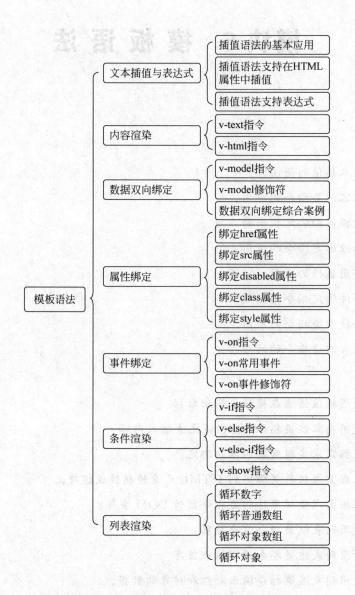

6.1 文本插值与表达式

  Vue 使用了基于 HTML 的模板语法,允许开发者将 DOM 绑定至底层 Vue 实例的数据。所有 Vue 的模板都是合法的 HTML,所以能被遵循规范的浏览器和 HTML 解析器解析。在底层的实现上,Vue 将模板编译成虚拟 DOM 渲染函数。结合响应系统,Vue 能够智能地计算出最少需要重新渲染多少组件,并把 DOM 操作次数减到最少。

文本插值
与表达式

1.插值语法的基本应用

在 Vue 中,最基本的数据绑定形式是文本插值,它用于将数据动态地渲染到 HTML 中的文本内容或属性上,它使用的是 Mustache 语法,即使用双花括号"{{ }}"将表达式包裹起来。示例代码如下。

```
< template >
    < div >{{msg}}</div >
</template >
< script setup >
    const msg = "Hello Vue 3"
</script >
```

msg 是实例中的一个数据,它会被动态地渲染到< div >元素中,同时每次 msg 更改时,它也会同步更新模板上的值。

2.插值语法支持在 HTML 属性中插值

双大括号不能在 HTML 属性中直接使用,但支持在 HTML 属性中进行插值。例如,要响应式地绑定一个属性,需要使用 v-bind 指令。示例代码如下。

```
< img v - bind:src = "imgurl">
```

上述代码中,使用 v-bind 指令将组件 imgurl 数据的值动态绑定到 src 属性上,以实现动态加载图片。需要注意的是,如果 imgurl 数据的值是 null 或者 undefined,那么 src 属性将会从渲染的元素上移除。

3.插值语法支持表达式

在插值语法中,支持使用表达,即{{表达式}}。示例代码如下。

```
< template >
    < p >{{ 10 + 20 }}</p > <!-- 输出结果:30 -->
    < P >{{ 'a的值是:' + a }}</P > <!-- 输出结果:a的值是 5 -->
    < p >{{ age >= 18?'已成年!':'未成年!' }}</p > <!-- 输出结果:已成年!-->
    < p >{{ str.slice(0,4) }}</p > <!-- 输出结果:中国精神!-->
</template >
< script setup >
    const a = 5
    const age = 18
    const str = "中国精神就是以爱国主义为核心的民族精神."
</script >
```

6.2　内容渲染

内容渲染

1. v-text 指令

v-text 指令用于向 DOM 元素内部插入文本内容,如果插入的内容中包含 HTML 代码,HTML 代码将作为字符串输出,浏览器并不会解析该 HTML 代码。在使用过程中需要注意,应用 v-text 指令的 DOM 元素内部不可有内容,否则会报错。示例代码如下。

```
<template>
    <p v-text="msg"></p>
</template>
<script setup>
    const msg = "Hi Vue 3!"
</script>
```

上述代码的运行结果如图 6-1 所示。

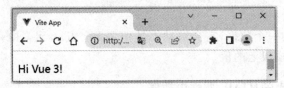

图 6-1　向 DOM 元素内部插入文本内容

2. v-html 指令

v-html 指令用于向 DOM 元素内部插入 HTML 标签内容。示例代码如下。

```
<template>
    <p v-html="msg"></p>
</template>
<script setup>
    const msg = "<h2 style='color:red'>我是中国人!</h2>"
</script>
```

上述代码的运行结果如图 6-2 所示。

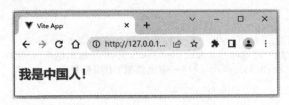

图 6-2　向 DOM 元素内部插入 HTML 标签内容

6.3　数据双向绑定

v-model 指令

1. v-model 指令

v-model 指令用于实现数据的双向绑定,通常在表单控件元素上使用,该指令会根据表单控件元素类型自动选取正确的方法来更新元素。在修改表单元素的值时,对应实例的数据源会同时更新;反之,更改实例中数据源的值时,表单元素的值也会同步更新。

在使用 v-model 的过程中,需要注意以下两点。

(1) v-model 会忽略任何表单元素上初始的 value、checked、selected 属性。

(2) v-model 始终将当前绑定的 JavaScript 状态视为数据的正确来源,因此,初始值要在数据源中声明。

示例代码如下。

```
<template>
  <p><input type = "text" v-model = "msg"></p>
  <p>msg 的值:{{ msg }}</p>
  <p><button @click = "changeMsg">改变 msg 的值</button></p>
</template>
<script setup>
  import {ref} from 'vue'
  const msg = ref("")
  const changeMsg = () =>{
    msg.value = 'v-model'
  }
</script>
```

为了让读者更加直观地了解数据双向绑定原理,在 JavaScript 中定义了具有响应式的变量 msg,然后在模板中的文本域通过 v-model=msg 绑定了 JavaScript 中的数据源 msg,以实现数据的双向绑定。因为 msg 变量初始值为空,所在运行该组件时,文本域以及 msg 的值是空的,如图 6-3 所示。当在文本域输入 v-model 时,页面输出 msg 的值也为 v-model,这说明在文本域输入的内容已同步更新到 JavaScript 中的数据源 msg,如图 6-4 所示。当单击“改变 msg 的值”按钮时,将会调用 changeMsg 函数更改变量 msg 的值为“数据双向绑定”,此时,我们会看到文本域以及 msg 的值均为“数据双向绑定”,如图 6-5 所示,这说明数据源 msg 的值发生变化时,会同步更新文本域的值。

上述代码的运行效果如图 6-3～图 6-5 所示。

图 6-3　运行初始效果

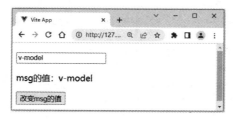

图 6-4　在文本域输入 v-model 的效果

43

图 6-5　单击"改变 msg 的值"按钮的效果

2. v-model 修饰符

v-model 修饰符

（1）.lazy 修饰符。在默认的情况下，v-model 在每次触发 input 事件后，输入框的值将会与数据进行同步。使用修饰符.lazy 会转变为在 change 事件中同步，即当用户在输入框中失去焦点或者用户按 Enter 键时，输入框的值才会同步到 JavaScript 中的数据源。示例代码如下。

```
<template>
    <p><input type="text" v-model.lazy="msg"></p>
    <p>msg 的值:{{ msg }}</p>
</template>
<script setup>
    import {ref} from 'vue'
    const msg = ref("")
</script>
```

（2）.number 修饰符。当用户在 input 中输入数字时，浏览器会默认将输入的数字转化为 String 类型，但是在某些时候，我们需要的是数字类型，因此，可以使用.number 修饰符来将输入的数字转为 Number 类型。示例代码如下。

```
<template>
    <p><input type="text" v-model.number="age"></p>
    <p>age 的数据类型是:{{ typeof age }}</p>
</template>
<script setup>
    import {ref} from 'vue'
    let age = ref(0)
</script>
```

（3）.trim 修饰符。该修饰符用于过滤用户输入的首尾空格。示例代码如下。

```
<template>
    <textarea cols="20" rows="3" v-model.trim="msg"></textarea>
</template>
<script setup>
    import {ref} from 'vue'
    let msg = ref('')
</script>
```

3. 数据双向绑定综合案例

请使用 v-model 及相关知识实现个信息的录入与预览，信息项包括姓名、性别、专业、兴趣、学习经历，参考效果如图 6-6 所示。

数据双向绑
定综合案例

图 6-6　v-mode 数据双向绑定示例效果

实现代码如下所示。

```
<template>
  <h2>请输入个人信息</h2>
  <p>姓名:
    <input type = "text" v-model = "name"><br /></p>
  <p>性别:
    <input type = "radio" value = "男" v-model = "sex">男    
    <input type = "radio" value = "女" v-model = "sex">女
  </p>
  <p>专业:
    <select v-model = "major">
      <option value = "" disabled>-- 请选择专业 --</option>
      <option value = "计算机网络技术">计算机网络技术</option>
      <option value = "软件技术">软件技术</option>
    </select>
  </p>
  <p>兴趣:
    <input type = "checkbox" value = "跑步" v-model = "hobbys">跑步   
```

45

```
            < input type = "checkbox" value = "打球" v - model = "hobbys">打球   
            < input type = "checkbox" value = "听音乐" v - model = "hobbys">听音乐
        </p>
        < p >
            学习经历:< br />
            < textarea cols = "45" v - model = "study"></textarea >
        </p>
    < hr >
    < h2 >个人信息预览</h2>
    姓名:{{ name }}< br />
    性别:{{ sex }}< br />
    专业:{{ major }}< br />
    兴趣:{{ hobbys }}< br />
    学习经历:{{ study }}
</template >
< script setup >
    import { reactive,toRefs } from 'vue';
    const data = reactive({
        name:'',
        sex:'',
        major:'',
        hobbys:[],
        study:''
    });
    const {name,sex,major,hobbys,study} = toRefs(data)
</script >
```

6.4 属 性 绑 定

v-bind 指令用于将数据绑定到 HTML 元素的属性或组件的属性上。它的作用是用来动态地绑定一个或者多个属性,或者向另一个组件传递 props 值,语法可以简写为冒号。

1. 绑定 href 属性

使用 v-bind 指令可以动态地绑定< a >标签的 href 属性。

【案例 6-1】 单击按钮可随机切换网站。具体代码如下。

绑定 href 属性

```
< template >
    < div >
        < button @click = "getHref">换网站</button >     
        < a :href = "myhref" target = "_blank">{{sitename}}</a>
    </div >
</template >
< script setup >
    import {ref} from "vue"
```

```
//创建响应式数据源 myhref 和 sitename
const myhref = ref('http://www.baidu.com')
const sitename = ref('百度')
//创建响应式数组 hrefs
let hrefs = ref([
    {href:'http://www.baidu.com',sitename:'百度'},
    {href:'http://www.sina.com',sitename:'新浪'},
    {href:'http://www.163.com',sitename:'网易'},
    {href:'http://www.taobao.com',sitename:'淘宝'}
  ])
//创建随机获取网站的方法
const getHref = () =>{
    let num = Math.floor(Math.random() * (hrefs.value.length - 0) + 0)
    myhref.value = hrefs.value[num]['href']
    sitename.value = hrefs.value[num]['sitename']
  }
</script>
```

上述代码的运行效果如图 6-7 所示。当单击"换网站"按钮时,网站将会随机切换。

图 6-7　使用 v-bind 指令动态绑定<a>标签的 href 属性

2. 绑定 src 属性

使用 v-bind 指令可以动态地绑定<img>标签的 src 属性。

【案例 6-2】　单击按钮切换图片。具体代码如下。

绑定 src 属性

```
<template>
  <p><button @click = "changeSrc">换图片</button></p>
  <p><img v-bind:src = "imgSrc"></p>
</template>
<script setup>
  import {ref} from "vue"
  const imgSrc = ref('src/assets/flower1.png')
  const changeSrc = () =>{
    imgSrc.value = 'src/assets/flower2.png'
  }
</script>
```

上述案例的运行效果如图 6-8 所示。

3. 绑定 disabled 属性

使用 v-bind 指令可以动态地绑定表单元素的 disabled 属性。

绑定 disabled 属性

【案例 6-3】　根据文本域内容改变"提交"按钮的状态。具体代码如下。

```
<template>
  <div>
```

图 6-8　使用 v-bind 指令动态绑定<img>标签的 src 属性

```
    请输入你的建议:<br>
    <textarea cols="30" rows="3" v-model="content" v-on:input="check"></textarea><br>
    <input type="button" value="提交" v-bind:disabled="isdisabled">
  </div>
</template>
<script setup>
  import {ref} from "vue"
  const content = ref('')
  const isdisabled = ref(true)
  const check = () => {
    if(content.value!= ""){
      isdisabled.value = false
    }else{
      isdisabled.value = true
    }
  }
</script>
```

上述案例的运行效果如图 6-9 所示。

图 6-9　使用 v-bind 指令动态绑定 disabled 属性

4. 绑定 class 属性

v-bind:class 指令可以根据表达式的值动态切换一个或多个 class,其语法格式如下。

v-bind:class="表达式"

（1）表达式为字符串。当表达式的值为字符串时,该字符串将作为 class 名称。示例代码如下。

绑定 class 属性

48

```
<template>
  <p v-bind:class="'red big'">大家好</p>
</template>
<script setup>
</script>
<style>
  .red{color:red}
  .big{font-size:30px}
</style>
```

在上述代码 v-bind:class="'red big'"中,red 和 big 是 style 中的类选择器名称,因此,在运行本示例时会看到输出的字体大小是 30px,颜色为红色。

（2）表达式为对象。当表达式的值为一个对象时,可以根据对象的属性是否为真来判断该 class 是否生效。示例代码如下。

```
<template>
  <p v-bind:class="{red:isRed,big:isBig}">大家好</p>
</template>
<script setup>
  import {ref} from 'vue'
  const isRed = ref(true)
  const isBig = ref(false)
</script>
<style>
  .red{color:red}
  .big{font-size:30px}
</style>
```

在上述代码的 v-bind:class="{red:isRed,big:isBig}"中,属性 red 的值绑定了数据源 isRed,因为 isRed 的值是 true,所以我们会看到字体是红色的;属性 big 的值绑定了数据源 isBig,而 isBig 的值是 false,所以类名 big 并没有应用到段落上。

使用 v-bind:class 绑定的对象不一定内联定义在模板里,还可以直接绑定一个数据对象。示例代码如下。

```
<template>
  <p v-bind:class="classObject">富强、民主、文明、和谐、自由、平等、公正、法治、爱国、敬业、
  诚信、友善</p>
</template>
<script setup>
  import {reactive} from 'vue'
  const classObject = reactive({
    red:true,
    big:true
  })
</script>
<style>
  .red{color:green}
  .big{font-size:30px}
</style>
```

（3）表达式为数组。当表达式为数组时,可以把一个数组传给 v-bind:class,其中数

组的元素为数据中的变量(数据源)。示例代码如下。

```
<template>
  <p v-bind:class="[red,big]">富强、民主、文明、和谐、自由、平等、公正、法治、爱国、敬业、诚
  信、友善</p>
</template>
<script setup>
  import {ref} from 'vue'
  const red = ref('red')
  const big = ref('big')
</script>
<style>
  .red{color:green}
  .big{font-size:30px}
</style>
```

在上述的代码 v-bind:class="[red,big]"中,red 和 big 均为数据中的变量 red 和变量 big,通过变量来存储类名,因此通过控制变量的值,就可以控制绑定的类。

在绑定的数据中,还可以使用三元运算符来切换列表中的 class。示例代码如下。

```
<template>
  <div v-bind:class="[isActive?saftColor:dangerColor]"></div>
</template>
<script setup>
  import {ref} from 'vue'
  const saftColor = ref('green')
  const dangerColor = ref('red')
  const isActive = ref(true)
</script>
<style>
  div{height:35px;width:100px;border:1px solid red;}
  .red{background-color:red}
  .green{background-color:yellow}
</style>
```

上述示例中,当变量 isActive 的值为 true 时,模板上的 class 属性将会绑定数据源 seftColor,否则模板上的 class 属性将会绑定数据源 dangerColor。

5. 绑定 style 属性

使用 v-bind:style 可以给元素绑定内联样式,方法与 v-bind:class 类似。其语法格式如下。

v-bind:style="表达式"

(1)表达式为对象。v-bind:style 的对象语法十分直观,与 CSS 非常相似,但其实是一个 JavaScript 对象。示例代码如下。

绑定 style 属性

```
<template>
  <p v-bind:style="{color:myColor,fontSize:mySize}">Hello Vue3!</p>
```

```
</template>
<script setup>
  import {ref} from 'vue'
  const myColor = ref('red')
  const mySize = ref('30px')
</script>
```

上述代码的内联样式被渲染后的结果如下。

style = "color:red;font-size:30px;"

为了使模板更加简洁,通常会直接绑定一个样式对象。示例代码如下。

```
<template>
  <p v-bind:style = "styleObject">Hello Vue3!</p>
</template>
<script setup>
  import {reactive} from 'vue'
  const styleObject = reactive({
    color:'red',
    fontSize:'30px'
  })
</script>
```

（2）表达式为数组。v-bind:style 的数组语法可以将多个样式应用到同一个元素上。示例代码如下。

```
<template>
  <p v-bind:style = "[style1,style2]">Hello Vue3!</p>
</template>
<script setup>
  import {reactive} from 'vue'
  const style1 = reactive({
    color:'red',
    fontSize:'30px'
  })
  const style2 = reactive({
    width:'300px',
    height:'50px',
    border:'1px solid red'
  })
</script>
```

6.5　事件绑定

事件绑定

1. v-on 指令

v-on 指令用于监听 DOM 事件,并在触发事件时执行 JavaScript 来完成业务逻辑。

使用 v-on 指令绑定事件的语法格式如下。

v-on:事件名 = "事件方法"

v-on 指令的语法糖为@，因此，v-on 指令绑定事件的语法格式也可写成如下格式。

@事件名 = "事件方法"

2. v-on 常用事件

v-on 常用事件如表 6-1 所示。

表 6-1　v-on 常用事件

事件名	说　　明
click	单击事件。该事件是最常用的基本交互事件，它被用于处理用户单击页面元素的情况
input	文本输入事件。该事件用于处理用户的输入，通常用于用户填写表单的情况
change	改变事件。该事件用于监听表单元素的值发生变化时触发的事件
keyup	键盘按键弹起事件。该事件将会在键盘按键弹起时触发
submit	表单提交事件。用于处理用户提交表单的情况
mouseover	指针滑入事件。当指针经过或滑入 DOM 元素时会被触发
mouseout	指针滑离事件。当指针离开或滑出 DOM 元素时会被触发
focus	获得焦点事件。通常于用于文本域、密码框、文本区域等表单元素获得焦点时被触发
blur	失去焦点事件。通常于用于文本域、密码框、文本区域等表单元素失去焦点时被触发

3. v-on 事件修饰符

Vue 为 v-on 提供了事件修饰符来辅助实现一些功能。

（1）.stop 修饰符。该修饰符用于阻止事件冒泡。示例代码如下。

```
<template>
  <div class = "father" @click = "fatherClick">
    <div class = "child" @click.stop = "childClick"></div>
  </div>
</template>
<script setup>
  const fatherClick = () = >{
    console.log('father')
  }
  const childClick = () = >{
    console.log('child')
  }
</script>
<style>
  .father,.child{border:1px solid red;padding:20px;}
  .father{width:80px;height:80px}
  .child{width:40px;height:40px;}
</style>
```

（2）.prevent 修饰符。该修饰符用于阻止事件默认行为。示例代码如下。

```
< template >
  < a href = "http://www.baidu.com" @click.prevent = "deleteRow">删除记录</a>
</template >
< script setup >
  const deleteRow = () =>{
    console.log('删除记录')
  }
</script >
```

（3）.capture 修饰符。该修饰符用于添加事件监听器时使用事件捕获模式。该模式其实是冒泡事件的相反事件传递模式，也就是由外而内的事件触发模式。示例代码如下。

```
< template >
  < div class = "father" @click.capture = "fatherClick">
    < div class = "child" @click = "childClick"></div >
  </div >
</template >
< script setup >
  const fatherClick = () =>{
    console.log('father')
  }
  const childClick = () =>{
    console.log('child')
  }
</script >
< style >
  .father,.child{border:1px solid red;padding:20px;}
  .father{width:80px;height:80px}
  .child{width:40px;height:40px;}
</style >
```

（4）.self 修饰符。该修饰符用于限制事件仅作用于 DOM 元素自身。示例代码如下。

```
< template >
  < div class = "father" @click.self = "fatherClick">
    < div class = "child" @click = "childClick"></div >
  </div >
</template >
< script setup >
  const fatherClick = () =>{
    console.log('father')
  }
  const childClick = () =>{
    console.log('child')
  }
</script >
< style >
```

53

```
    .father,.child{border:1px solid red;padding:20px;}
    .father{width:80px;height:80px}
    .child{width:40px;height:40px;}
</style>
```

(5).once修饰符。该修饰符用于限制事件被触发一次后即解除监听。示例代码如下。

```
<template>
    <button @click.once = "showInfo">弹窗</button>
</template>
<script setup>
  const showInfo = () =>{
      alert('Hello World!')
  }
</script>
```

(6).passive修改符。该修饰符用于立即执行默认行为,无须等待事件回调并执行完成。在移动端,当在监听元素滚动事件的时候,会一直触发onscroll事件,该事件会让网页变卡顿,因此,在这个时候使用.passive修饰符,相当于给onscroll事件添加了一个.lazy修饰符。在应用的过程中,建议不要把.passive和.prevent一起使用,因为.prevent将会被忽略。

(7)按键修饰符。在Vue 3中,按键修饰符用于监听键盘事件,并根据特定的按键来触发相应的事件处理函数。这些修饰符通常与键盘事件一起使用,如@keydown、@keyup、@click等。表6-2是Vue 3中常见按键修饰符。

表6-2　Vue 3中常见按键修饰符

按键修饰符	描　　述
.enter	当按下Enter键时触发
.tab	当按下Tab键时触发
.delete	当按下Delete键或Backspace键时触发
.esc	当按下Esc键时触发
.space	当按下空格键时触发
.up	当按下向上箭头键时触发
.down	当按下向下箭头键时触发
.left	当按下向左箭头键时触发
.right	当按下向右箭头键时触发
.ctrl	当Ctrl键被按下时触发
.alt	当Alt键被按下时触发
.shift	当Shift键被按下时触发
.meta	当Meta键(在Mac上是Command键,在Windows上是Windows键)被按下时触发
.exact	允许控制触发事件所需的确切组合键

6.6　条　件　渲　染

1. v-if 指令

v-if 指令与原生 JavaScript 的单分支条件语句类似,当条件表达式的返回值为真时渲染一块内容。示例代码如下。

```
<template>
  <button @click = "showInfo">显示/隐藏</button>
  <p v - if = "isshow">学的不仅是技术,更是理想!</p>
</template>
<script setup>
  import {ref} from 'vue'
  const isshow = ref(true)
  const showInfo = () => {
    isshow.value = ! isshow.value
  }
</script>
```

上述代码运行的效果如图 6-10 所示。

2. v-else 指令

v-else 指令用来表示 v-if 的 else 块,与原生 JavaScript 的双分支条件语句类似,当条件表达式的值为真的情况下,渲染一块内容,否则渲染另一块内容。示例代码如下。

```
<template>
  请输入年龄:<input type = "text" v - model = "age">
  <span v - if = "age >= 18">已成年!</span>
  <span v - else>未成年!</span>
</template>
<script setup>
  import {ref} from 'vue'
  const age = ref(17)
</script>
```

学的不仅是技术，更是理想！

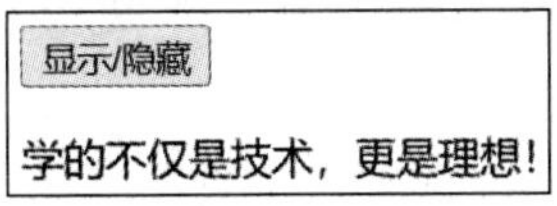

图 6-10　显示或隐藏文本

请输入年龄: 17　　　　　　　未成年!

图 6-11　根据年龄判断是否成年

上述代码的运行效果如图 6-11 所示。

3. v-else-if 指令

v-else-if 指令用来表示 v-if 的 else-if 块,与原生 JavaScript 的多分支条件语句类似。示例代码如下。

```
<template>
  <h2>成绩等级评定</h2>
  <hr>
  成绩:<input type = "text" v-model = "result"><br>
  等级:
  <span v-if = "result == ''">请输入成绩!</span>
  <span v-else-if = "result>=90">优秀!</span>
  <span v-else-if = "result>=80">良好!</span>
  <span v-else-if = "result>=70">中等!</span>
  <span v-else-if = "result>=60">及格!</span>
  <span v-else = "result>=90">不及格!</span>
</template>
<script setup>
  import {ref} from 'vue'
  const result = ref('')
</script>
```

上述代码的运行结果如图 6-12 和图 6-13 所示。

图 6-12　成绩为空时　　　　　　　图 6-13　成绩不为空时

4. v-show 指令

v-show 指令同样可以用于根据条件展示元素,用法与 v-if 基本相同,不同的是 v-show 的元素始终会被渲染并保留在 DOM 中,因为 v-show 只是简单地切换元素 CSS 的 display 属性。当条件为假时,元素的 display 将被赋值为 none;反之,元素的 display 将被设置为原有值。另外,v-show 不支持<template>元素,也不支持 v-else。

6.7　列　表　渲　染

在 Vue 中,列表渲染主要是通过 v-for 指令实现的,类似原生 JavaScript 的循环语句。v-for 指令可用于渲染数组、对象等。

1. 循环数字

使用 v-for 指令可以循环改变数字,迭代的次数从 1 开始。
示例代码如下。

```
<template>
  <p v-for = "count in 10" :key = "count">{{ count }}</p>
</template>
```

列表渲染

2. 循环普通数组

示例代码如下。

```html
<template>
  <p v-for = "(value,index) in colors" :key = "index" :style = "{color:value}">
    无奋斗不青春!(索引值:{{ index }})</p>
</template>
<script setup>
  let colors = ["red","green","blue","orange"]
</script>
```

上述代码的运行结果如图 6-14 所示。

无奋斗不青春!　(索引值: 0)
无奋斗不青春!　(索引值: 1)
无奋斗不青春!　(索引值: 2)
无奋斗不青春!　(索引值: 3)

图 6-14　循环普通数组

3. 循环对象数组

示例代码如下。

```html
<template>
  <table>
    <tr>
      <td>记录 ID</td>
      <td>图书名称</td>
      <td>出版社</td>
      <td>出版日期</td>
    </tr>
    <tr v-for = "(value,index) in books" :key = "index">
      <td>{{ value.id }}</td>
      <td>{{ value.name }}</td>
      <td>{{ value.publisher }}</td>
      <td>{{value.pubdate}}</td>
    </tr>
  </table>
</template>
<script setup>
  let books = [
    {id:1,name:'PHP 动态网站开发项目实战',publisher:'机械工业出版社',pubdate:'2018 年
    3 月'},
    {id:2,name:'工作手册式 CMS 建站项目实践',publisher:'电子工业出版社',pubdate:'2021 年
    3 月'},
    {id:3,name:'项目驱动式信息系统开发实训教程',publisher:'清华大学出版社',pubdate:
    '2019 年 2 月'},
    {id:4,name:'项目驱动式 PHP 动态网站开发实训教程',publisher:'清华大学出版社',
    pubdate:'2017 年 1 月'},
    {id:5,name:'项目驱动式 PHP + MySQL 企业网站开发教程',publisher:'西南交通大学出版社',
    pubdate:'2016 年 8 月'}
  ]
</script>
<style>
  table,td{border:1px solid gray;border-collapse: collapse;text-align: center;}
  tr:first-child{background-color: #b9f6fd;font-weight:bold;}
  td{padding-left:20px;padding-right:20px;}
</style>
```

上述示例的运行结果如图 6-15 所示。

记录ID	图书名称	出版社	出版日期
1	PHP动态网站开发项目实战	机械工业出版社	2018年3月
2	工作手册式CMS建站项目实践	电子工业出版社	2021年3月
3	项目驱动式信息系统开发实训教程	清华大学出版社	2019年2月
4	项目驱动式PHP动态网站开发实训教程	清华大学出版社	2017年1月
5	项目驱动式PHP+MySQL企业网站开发教程	西南交通大学出版社	2016年8月

图 6-15　循环对象数组

4. 循环对象

示例代码如下。

```
<template>
  <p v-for="(value,key,index) in stuObj" :key="index">
    值:{{ value }}/键:{{ key }}/索引:{{ index }}
  </p>
</template>
<script setup>
  let stuObj = {
    id:1,
    name:'张扬',
    sex:'男',
    major:'计算机网络技术',
    class:'23 级网络 1 班'
  }
</script>
```

上述示例的运行结果如图 6-16 所示。

```
值: 1/键: id/索引: 0
值: 张扬/键: name/索引: 1
值: 男/键: sex/索引: 2
值: 计算机网络技术/键: major/索引: 3
值: 23级网络1班/键: class/索引: 4
```

图 6-16　循环对象

练　习　题

一、单选题

1. 下列四个选项中,可用于实现文本插值的是(　　)。
   A. {{}}　　　　　　　　B. [[]]　　　　　　　　C. {[]}　　　　　　　　D. <>
2. 用于绑定元素属性的指令是(　　)。
   A. v-model　　　　　　B. v-bind　　　　　　C. v-on　　　　　　D. v-if
3. 数据的双向绑定的指令是(　　)。

  A．v-mixin   B．v-bind   C．v-model   D．v-on

4．以下四个选项中,属于条件渲染指令的是(　　)。

  A．v-if   B．v-bind   C．v-on   D．v-model

5．在 Vue 3 组合式 api 中,可用来定义计算属性的函数是(　　)。

  A．isNaN()   B．count()   C．computed() D．function()

6．在使用 v-model 实现数据双向绑定时,可使用(　　)修饰符将输入的数字转为 Number 类型。

  A．.number   B．.trim   C．.lazy   D．.typeof

7．v-model 修饰符.trim 的作用是(　　)。

  A．清除用户输入字符之间的空格   B．清除用户输入字符开头的空格

  C．清除用户输入字符结尾的空格   D．清除用户输入字符开始的空格

8．v-model 的(　　)修饰符可实现在输入框失去焦点时,输入框的值同步到 JavaScript 数据源。

  A．.onblur   B．.number   C．.trim   D．.lazy

9．下面四个选项中可根据表达式的值动态切换一个或多个 class 的是(　　)。

  A．.v-bind:css   B．v-bind:style

  C．v-bind:class   D．v-bind:disabled

10．下面四个选项中,可以给元素绑定内联样式的是(　　)。

  A．.v-bind:style B．v-bind:css C．v-bind:class D．v-model

11．属于列表渲染的指令是(　　)。

  A．v-list   B．v-for   C．v-loop   D．v-model

二、实操题

1．使用 Vue 相关知识实现非空判断,效果图如图 6-17 所示。

2．使用 Vue 相关知识实现"新闻中心"栏目效果,如图 6-18 所示效果。具体业务逻辑如下。

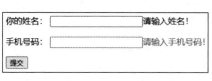

图 6-17　非空判断效果图

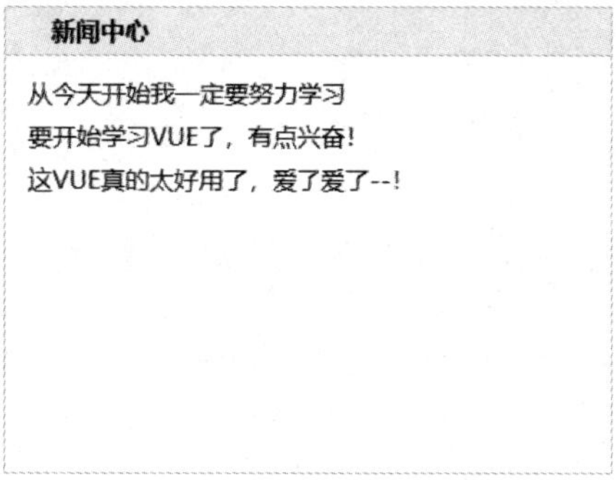

图 6-18　新闻中心栏目效果

(1) 创建数组 titles 存储新闻标题。

(2) 使用属性绑定指令应用 CSS。

（3）使用列表渲染指令输出新闻标题。

3. 使用 Vue 相关知识实现学生信息管理功能，如图 6-19 所示效果。具体业务逻辑如下。

（1）创建数组 students 存储学生信息。

（2）实现添加学生信息功能。

（3）实现修改学生信息功能。

（4）实现删除学生信息功能。

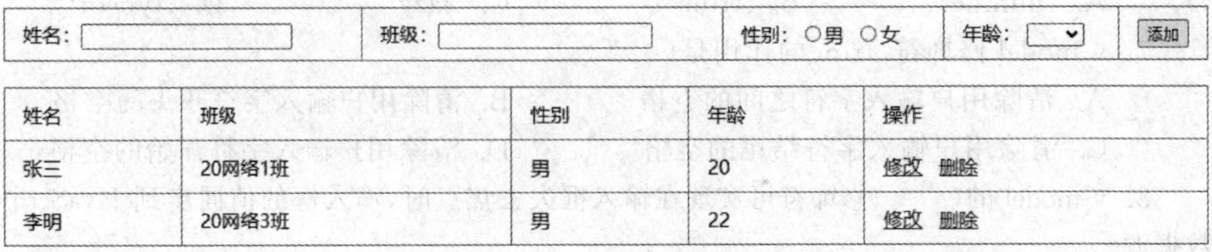

姓名: [_____] 班级: [_____] 性别：○男 ○女 年龄: [▼] [添加]

姓名	班级	性别	年龄	操作
张三	20网络1班	男	20	修改 删除
李明	20网络3班	男	22	修改 删除

图 6-19　学生信息管理

模块 7 状态监听

知识目标

- 掌握 watch()函数监听基础类型的响应式数据。
- 掌握 watch()函数监听复杂类型的响应式数据。
- 掌握 watch()函数监听混合类型的响应式数据。
- 掌握 watchEffect()函数的语法格式。
- 掌握 watchEffect()函数的使用方法。
- 了解 watch()函数与 watchEffect()函数的区别。

能力目标

- 能够根据需求使用 watch()函数监听基础类型、复杂类型和混合类型的响应式数据。
- 能够根据需求使用 watchEffect()函数自动追踪依赖数据,并在依赖数据变化时自动调用回调函数。
- 能够根据需求使用 watchEffect()函数监听响应式数据。
- 能够根据需求停止 watchEffect()函数监听。
- 能够分析 watch()函数与 watchEffect()函数的区别。
- 能够根据需求选择合适的函数监听响应式数据。

素质目标

- 培养学生自主探究的能力。
- 培养学生的创新意识。
- 培养学生严谨的工作态度。
- 培养学生的网络安全意识。
- 培养学生的比较鉴别能力。
- 培养学生理论联系实际的能力。

知识导图

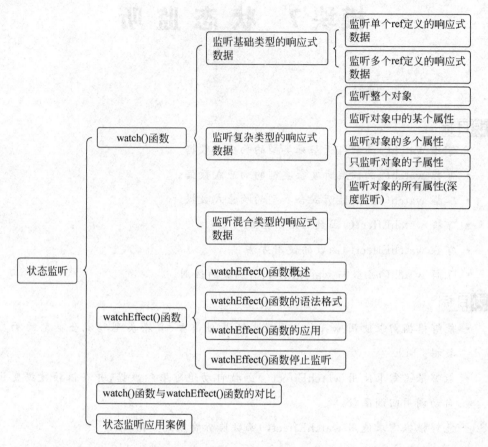

在 Vue 的组合式 API 中,可以通过 watch()和 watchEffect()函数监测响应式数据的变化,并执行特定的操作。这是 Vue 中的一种响应式机制,通过这种机制,能够实现在数据发生变化时做出相应的响应或执行自定义的逻辑,这使得响应式属性变化时能够有更多的控制权和灵活性,让组件能够更好地响应数据的变化并执行相应的逻辑。

7.1 watch()函数

watch()函数用于监听一个或多个响应式数据,并在数据发生变化时执行相应的回调函数。该函数的语法格式如下。

```
watch(param, callback, options)
```

参数说明如下。

(1) param:必需,被监听对象。

(2) callback:必需,被监听对象发生变化时执行回调,格式如下。

watch()函数

```
(newVal, oldVal) = >{
    //newValue 变化后的值
    //oldValue 变化前的值
}
```

（3）options：可选，监听参数，格式如下。

```
options: {
    deep: true| false        //默认为 false,如果为 true 时表示深度监听.需要注意,通过
                             //watch 监听的 ref 对象默认是浅监听,嵌套对象的属性变化并不
                             //会触发回调函数,需要开启 deep 选项才会开启深层监听
    immediate: true|false    //默认为 false,值为 true 表示 immediate 会在监听器创建时立即
                             //触发回调,并在响应式数据变化之后继续执行回调
    flush: 'pre'|'post'|'sync' //控制回调时间,默认值为 'pre',表示回调在渲染前被调用; 'post'
                             //表示回调在渲染之后调用; 'sync'表示一旦值发生了变化,回调将
                             //被同步调用
}
```

1. 监听基础类型的响应式数据

（1）监听单个 ref 定义的响应式数据。使用 watch()函数监听单个 ref 定义的响应式数据的示例代码如下。

```
< template >
    count 的值:{{count}}< br />
    < button @click = "changeCount">修改 count 的值</button >
</template >
< script setup >
    import {ref,watch} from 'vue'
    const count = ref(0)
    const changeCount = () = >{
        count.value++
    }
    watch(count,(newVal,oldVal) = >{
        console.log('修改之前 count 的值是:',oldVal)
        console.log('修改之后 count 的值是:',newVal)
    })
</script >
```

上述示例运行结果如图 7-1 所示。当单击"修改 count 的值"按钮时,在控制台输出了 count 之前的值和当前 count 的值。

（2）监听多个 ref 定义的响应式数据。使用 watch()函数监听多个 ref 定义的响应式数据的示例代码如下。

```
< template >
    单价:{{price}}< br />
    数量:{{num}}< br />
    < button @click = "changeData">修改单价和数量</button >
</template >
```

63

图 7-1　监听单个 ref 定义的响应式数据

```
<script setup>
    import {ref,watch} from 'vue'
    const price = ref(6.5)
    const num = ref(5)
    const changeData = () = >{
        price.value = 7
        num.value = 8
    }
    watch([price,num],(newVal,oldVal) = >{
        console.log('修改之前:',oldVal)
        console.log('修改之后:',newVal)
    })
</script>
```

在本示例中，监听多个 ref 定义的响应式数据时，需要使用数组来指定监听的数据源。修改之前和修改之后的数据，均以数组类型存储在相应的参数中。本示例运行结果如图 7-2 和图 7-3 所示。

图 7-2　修改单价

图 7-3　修改数量

2. 监听复杂类型的响应式数据

复杂类型的监听有多种情况，具体如下。

（1）监听整个对象。使用 watch() 函数监听 reactive 定义的响应式数据示例代码如下。

```
< template >
    姓名: {{stuObj.name}}< br />
    性别: {{stuObj.sex}}< br />
    年龄: {{stuObj.age}}< br />
    省份: {{stuObj.address.province}}< br />
    城市: {{stuObj.address.city}}< br />
    < button @click = "changeCity">更改城市</button >
</template>
< script setup >
    import {reactive,watch} from 'vue'
    //创建响应式对象
    const stuObj = reactive({
        name:'李明',
        sex: '男',
        age: 18,
        address:{
            province:'广东省',
            city:'广州市'
        }
    })
    //更改城市
    const changeCity = () = >{
        stuObj.address.city = '清远市'
    }
    //监听整个对象 stuObj
    watch(stuObj,(newVal,oldVal) = >{
        console.log('stuObj 数据有更新',newVal)
    })
</script >
```

在上述代码中,第一个参数是直接传入要监听的对象 stuObj,只要这个对象有任何修改,那么就会触发 watch()函数。无论是其子属性变更(如 stuObj. name)还是孙属性变更(如 stu. address. city),都会触发 watch()函数。运行上述示例,单击"更改城市"按钮的效果如图 7-4 所示。

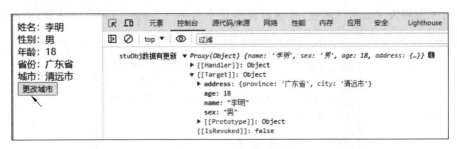

图 7-4　监听整个对象

另外,在使用 watch()函数监听 reactive 数据时需注意,监听的过程中只能获取到修改后的 newVal 的值,无法获取到 oldVal 的值。

(2) 监听对象中的某个属性。使用 watch()函数可以监听对象中的某个属性。示例代码如下。

```
<template>
  姓名:{{stuObj.name}}<br />
  性别:{{stuObj.sex}}<br />
  年龄:{{stuObj.age}}<br />
  省份:{{stuObj.address.province}}<br />
  城市:{{stuObj.address.city}}<br />
  <hr>
  <button @click = "changeCity">更改城市</button>
</template>
<script setup>
  import {reactive,watch} from 'vue'
  //创建响应式对象
  const stuObj = reactive({
    name:'李明',
    sex: '男',
    age: 18,
    address:{
      province:'广东省',
      city:'广州市'
    }
  })
  //更改城市
  const changeCity = () = >{
    stuObj.address.city = '清远市'
  }
  watch(
    () = > stuObj.address.city, //监听孙属性 cify
    (newVal,oldVal) = >{
      console.log('提示:数据有更新',oldVal + '更改为:' + newVal)
    }
  )
</script>
```

上述代码中,监听 stuObj 对象的孙属性 city。只有当 stuObj 对象的孙属性 city 发生变更时,才会触发 watch()函数,其他属性变更不会触发 watch()函数。注意,此时的第一个参数是一个箭头函数。本示例的运行结果如图 7-5 所示。

图 7-5　监听对象中的某个属性

（3）监听对象的多个属性。使用 watch() 函数可以监听对象的多个属性。示例代码如下。

```
<template>
  姓名：{{stuObj.name}}<br />
  性别：{{stuObj.sex}}<br />
  年龄：{{stuObj.age}}<br />
  省份：{{stuObj.address.province}}<br />
  城市：{{stuObj.address.city}}<br />
  <hr>
  <button @click = "changeAge">更改年龄</button>  
  <button @click = "changeCity">更改城市</button>
</template>
<script setup>
  import {reactive,watch} from 'vue'
  //创建响应式对象
  const stuObj = reactive({
    name:'李明',
    sex: '男',
    age: 18,
    address:{
      province:'广东省',
      city:'广州市'
    }
  })
  //更改年龄
  const changeAge = () =>{
    stuObj.age = 22
  }
  //更改城市
  const changeCity = () =>{
    stuObj.address.city = '深圳市'
  }
  watch(
    [() => stuObj.age,() => stuObj.address.city], //监听子属性 age 和孙属性 city
    (newVal,oldVal) =>{
      console.log('更新前:' + oldVal + ',更改后:' + newVal)
    }
  )
</script>
```

运行上述示例，依次单击"更改年龄""更改城市"按钮，效果如图 7-6 所示。

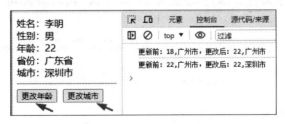

图 7-6 监听对象的多个属性

(4) 只监听对象的子属性。使用 watch() 函数可以实现只监听子属性。示例代码如下。

```
<template>
  姓名:{{stuObj.name}}< br />
  性别:{{stuObj.sex}}< br />
  年龄:{{stuObj.age}}< br />
  省份:{{stuObj.address.province}}< br />
  城市:{{stuObj.address.city}}< br />
  < button @click = "changeCity">更改城市</button>  
  < button @click = "changeAge">更改年龄</button>
</template>
<script setup>
  //监听整个对象
  import {reactive,watch} from 'vue'
  //创建响应式对象
  const stuObj = reactive({
    name:'李明',
    sex: '男',
    age: 18,
    address:{
      province:'广东省',
      city:'广州市'
    }
  })
  //更改年龄
  const changeAge = () =>{
    stuObj.age = 20
  }
  //更改城市
  const changeCity = () =>{
    stuObj.address.city = '清远市'
  }
  watch(() =>({...stuObj}),(newVal,oldVal) =>{ //...stuObj 为解构出 stuObj 对象的属性
    console.log('stuObj 数据有更新',newVal)
  })
</script>
```

运行上述示例,单击"更改城市"按钮时,并没有触发 watch() 函数,因为属性 city 并不是 stuObj 对象的子属性。单击"更改年龄"按钮时,我们会看到 watch() 函数被触发了,如图 7-7 所示。

图 7-7　只监听对象的子属性

（5）监听对象的所有属性（深度监听）。在 Vue 3 中，可以使用 watch（）函数来进行响应式数据的深度监听，以实现监听所有属性的效果。示例代码如下。

```
<template>
  姓名:{{stuObj.name}}<br />
  性别:{{stuObj.sex}}<br />
  年龄:{{stuObj.age}}<br />
  省份:{{stuObj.address.province}}<br />
  城市:{{stuObj.address.city}}<br />
  <button @click = "changeCity">更改城市</button>  
  <button @click = "changeAge">更改年龄</button>
</template>
<script setup>
  //监听整个对象
  import {reactive,watch} from 'vue'
  //创建响应式对象
  const stuObj = reactive({
    name:'李明',
    sex: '男',
    age: 18,
    address:{
      province:'广东省',
      city:'广州市'
    }
  })
  //更改年龄
  const changeAge = () =>{
    stuObj.age = 20
  }
  //更改城市
  const changeCity = () =>{
    stuObj.address.city = '清远市'
  }
  watch(
    () => stuObj, //监听所有属性
    (newVal,oldVal) =>{
      console.log('stuObj 数据有更新',newVal)
    },
    {deep:true}   //开启深度监听
  )
</script>
```

在本示例中，"更改城市"或"更改年龄"都会被监听到。运行效果如图 7-8 所示。

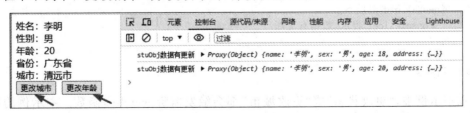

图 7-8　深度监听

3. 监听混合类型的响应式数据

混合类型的响应式数据是指既有使用 ref()函数创建的基础类型响应式数据,又有使用 reactive()函数创建的复杂类型响应式数据。示例代码如下。

```
<template>
  姓名:{{stuObj.name}}<br />
  性别:{{stuObj.sex}}<br />
  年龄:{{stuObj.age}}<br />
  省份:{{stuObj.address.province}}<br />
  城市:{{stuObj.address.city}}<br />
  <hr>
  数据状态:{{ status }}<br /><br />
  <button @click = "changeStatus">更改状态</button>  
  <button @click = "changeCity">更改城市</button>
</template>
<script setup>
  //监听整个对象
  import {ref,reactive,watch} from 'vue'
  //创建响应式对象
  const status = ref('审核中')
  const stuObj = reactive({
    name:'李明',
    sex: '男',
    age: 18,
    address:{
      province:'广东省',
      city:'广州市'
    }
  })
  //更改数据状态
  const changeStatus = () = >{
    status.value = '通过'
  }
  //更改城市
  const changeCity = () = >{
    stuObj.address.city = '清远市'
  }
  watch(
    [status,stuObj], //监听数据
    (newVal,oldVal) = >{
      console.log('提示:数据有更新')
    }
  )
</script>
```

在本示例中,"更改状态"或"更改城市"都会触发监听 watch()函数。本示例的运行效果如图 7-9 所示。

图 7-9   监听混合类型的响应式数据

7.2   watchEffect()函数

1. watchEffect()函数概述

watchEffect()函数是 Vue 3 中一种基于依赖追踪的响应式系统,能够自动追踪依赖数据,并在依赖数据变化时自动调用回调函数。watchEffect()函数的特点是:它在初始化的时候会执行一次,这点与 watch()的 immediate()类似;当数据发生变化时,会立即更新 UI;当依赖数据变化时,会自动清理上一个回调,并注销依赖数据。这意味着我们可以根据需要一次性创建和清理响应式功能,而不是因为需要清除之前的回调而增加不必要的代码。

watchEffect()函数

使用 watchEffect 函数的好处如下。

(1)没有显示监听器。使用 watchEffect()函数,我们不需要显式地调用 watch()函数监听器来监听数据的变化。相反,watchEffect()函数自动依赖追踪,将函数注册到依赖项上,可以保证数据的一致性。

(2)更好的性能。由于 watchEffect()函数是基于依赖追踪的,因此它可以更好地优化性能,并可以自动清理上一个回调,再注销依赖数据,这样我们可以根据需要一次性创建和清理响应式功能。

(3)更简单的代码。Vue 3 的响应式系统采用了更多的函数编程思想,watchEffect()函数也是如此。当响应式数据变化时,我们可以编写一个简单的回调来处理它,而无须编写大量重复的代码。

2. watchEffect()函数的语法格式

watchEffect()函数的语法格式如下。

```
watchEffect(
    (onInvalidate) => {        //副作用函数
        … //此处是副作用函数的业务逻辑
        onInvalidate(() => { //清理函数
            //此处是清理函数的业务逻辑
        })
```

```
  },
  {flush: 'pre '(默认) | flush: 'post ' | flush: 'sync '}
)
```

watchEffect()函数的第一个参数就是运行的副作用函数。副作用函数的参数是一个函数,是用来注册清理函数的,该函数在 watchEffect()函数被重新触发或组件卸载的时候执行,且比副作用函数优先触发。

watchEffect()函数的第二个参数是一个可选的选项,主要用来自定义副作用的触发时机。其中,flush:'pre'用于定义副作用函数在组件更新之前执行;flush:'post'用于定义副作用函数在组件更新之后执行;flush:'sync'用于定义副作用函数同步执行,效率较低,不建议使用。

3. watchEffect()函数的应用

示例代码如下。

```
< template >
  < h1 >{{state.count}}</h1 >
  < button @click = "increment">自增</button >
</template >
< script setup >
   import {reactive,watchEffect} from 'vue'
  //响应式对象
  const state = reactive({
    count:0
  })
  //定义自增方法
  const increment = () = >{
    state.count++
  }
  //监听
  watchEffect((onClean) = >{
  console.log('count 的值被改为:' + state.count)
  onClean(() = >{
    console.log('清理函数')
  })
})
</script >
```

上述示例使用 reactive()函数来创建一个响应式数据对象 state,然后通过 watchEffect()函数注册了一个回调函数,这个回调函数会在 state.count 变化时被调用。当单击"自增"按钮时,increment()函数被触发,同时 state.count 的值也会发生变化。watchEffect()函数会自动侦听这个变化,并在控制台中输入属性 count 的值。运行本示例并单击"自增"按钮的效果如图 7-10 所示。

4. watchEffect()函数停止监听

在某些情况下,如果希望停止监听,这个时候可以获取 watchEffect()函数的返回值

图 7-10　watchEffect()函数的应用

函数,调用该函数即可停止监听。示例代码如下。

```
<template>
    <h1>年龄:{{age}}</h1>
    <button @click = "increment">自增</button>
</template>
<script setup>
    import {ref,watchEffect} from 'vue'
    const name = ref('张三')
    const age = ref(15)
    const increment = () =>{
        age.value++
        if(age.value == 20){
            mywatch() //调用函数 mywatch()以停止监听
        }
    }
    //获取 watchEffect()的返回值函数
    const mywatch = watchEffect((onClean) =>{
        console.log('count 的值被改为:' + age.value)
        onClean(() =>{
            console.log('清理函数')
        })
    })
</script>
```

上述示例中,单击"自增"按钮直到 age 的值为 20 时,watchEffec()函数停止监听,运行结果如图 7-11 所示。

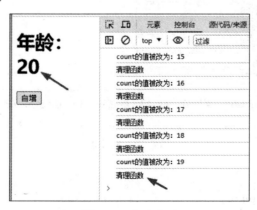

图 7-11　停止监听

7.3　watch()函数与watchEffect()函数的对比

（1）watchEffect()函数会立即执行副作用函数,并在其依赖的响应式数据发生变化时重新运行副作用函数,而watch()函数需要显式地指定要监听的数据和回调函数。watchEffect()函数没有明确的依赖关系,它会自动追踪副作用函数中使用的所有响应式数据,而watch()函数需要显式地指定要监听的数据。

（2）watchEffect()函数的副作用函数没有参数,而watch()函数的回调函数会接收到新值和旧值作为参数。

（3）watch()函数可以监听多个数据的变化,而watchEffect()函数只能监听一个副作用函数中使用的响应式数据的变化。

（4）在实际的应用中,可以选择使用watchEffect()函数或watch()函数来监听响应式数据的变化。

7.4　状态监听应用案例

使用状态监听知识,制作一个成绩单,具体的科目有语文、数学、英语、物理、化学、政治、历史。当课程的成绩发生改变时,总分、平均分、最高分、最低分也会实时发生变化。案例的参考效果如图7-12所示。

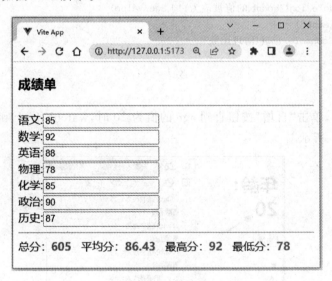

图7-12　成绩单

实现思路如下。

（1）制作模板template。

（2）引入ref()、reactive()、watchEffect()函数。

（3）创建数据源。

（4）使用 v-model 指令实现数据双向绑定。

（5）声明变量，用于存储总分、平均分、最高分和最低分。

（6）使用 watchEffect()函数监听成绩变化，并计算总分、平均分、最高分、最低分。

（7）在模板上输出总分、平均分、最高分和最低分。

实现代码如下。

```
<template>
    <h3>成绩单</h3>
    <hr>
    语文:<input type="text" v-model="score.Chinese"><br />
    数学:<input type="text" v-model="score.Maths"><br />
    英语:<input type="text" v-model="score.English"><br />
    物理:<input type="text" v-model="score.Physics"><br />
    化学:<input type="text" v-model="score.Chemistry"><br />
    政治:<input type="text" v-model="score.Politics"><br />
    历史:<input type="text" v-model="score.History"><br />
    <hr>
    总分:<span>{{sum}}</span>  
    平均分:<span>{{avg}}</span>  
    最高分:<span>{{max}}</span>  
    最低分:<span>{{min}}</span>  
</template>
<script setup>
    import {ref,reactive,watchEffect} from 'vue'
    const score = reactive({
        Chinese:85,
        Maths:92,
        English:88,
        Physics:78,
        Chemistry:85,
        Politics:90,
        History:87
    })
    let sum = ref(null)
    let avg = ref(null)
    let max = ref(null)
    let min = ref(null)
    watchEffect(()=>{
    sum.value = parseFloat(score.Chinese) + parseFloat(score.Maths) + parseFloat(score.
    English) + parseFloat(score.Physics) + parseFloat(score.Chemistry) + parseFloat(score.
    Politics) + parseFloat(score.History)
    avg.value = (sum.value/Object.keys(score).length).toFixed(2)
    max.value = Math.max(score.Chinese, score.Maths, score.English, score.Physics, score.
    Chemistry, score.Politics, score.History)
    min.value = Math.min(score.Chinese, score.Maths, score.English, score.Physics, score.
    Chemistry, score.Politics, score.History)
    })
```

```
</script>
<style>
    span{color:red;font - weight: bold;}
</style>
```

练 习 题

一、单选题

1. 在 Vue 3 中,可用于监听数据变化的函数是( )。
   A. watch( )   B. computed( )   C. ref( )   D. reactive( )

2. watch( )函数可以监听( )类型的响应式数据。
   A. ref   B. computed   C. reactive   D. A 和 C

3. 使用 watch( )函数监听响应式数据过程中,通过( )选项可设置深度监听。
   A. deep   B. immediate   C. flush   D. shallow

4. 在 Vue 3 中,关于 watchEffect( )函数的描述不正确的是( )。
   A. watchEffect( )函数基于依赖追踪的响应式系统,能够自动追踪依赖数据
   B. watchEffect( )函数在初始化的时候会执行一次,与 watch( )函数的 immediate 类似
   C. watchEffect( )函数依赖数据变化时会自动清理上一个回调,并注销依赖数据
   D. watchEffect( )函数需显式调用监听器来监听数据变化

5. 关于 watch( )函数与 watchEffect( )函数的比较,说法错误的是( )。
   A. watch( )和 watchEffect( )函数都可以监听响应式数据的变化
   B. watch( )和 watchEffect( )函数均需显式指定监听数据
   C. watchEffect( )函数的副作用函数没有参数,而 watch( )函数的回调函数会接收到新值和旧值作为参数
   D. watch( )函数可以监听多个数据的变化,而 watchEffect( )函数只能监听一个副作用函数中使用的响应式数据的变化

二、实操题

1. 设计一个商品结算页面,页面的主要信息项包括商品名称、价格、数量和总金额,当商品的价格或商品数量发生变化时,均会实现更新总金额。
   (1) 使用 watch( )函数及相关知识实现。
   (2) 使用 watchEffect( )函数及相关知识实现。

2. 作为 Web 前端开发人员,需要具有较强的安全意识。在开发信息发布模块时,通常会对用户输入的内容进行检查,如果发现非法字符,需要把其过滤掉。请使用状态监听及相关知识,设计制作一个具有非法字符过滤功能的小案例。

模块 8 计算属性

- 了解计算属性定义。
- 了解计算属性的特点。
- 掌握计算属性的应用。
- 了解计算属性和函数的区别。

能力目标

- 能够根据需求使用计算属性实现数据的动态更新。
- 能够描述计算属性和函数的区别。

素质目标

- 培养学生严谨的计算思维。
- 培养学生的创新意识。

知识导图

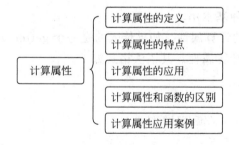

8.1 计算属性的定义

在模板中使用表达式非常便利,但在模板中放入太多的逻辑会使得模板过于臃肿且难以维护,因此,对于包含响应式数据的复杂逻辑,建议使用计算属性。

计算属性的原理是使用一个 getter() 函数和一个 setter() 函数来实现的。当访问计算属性的值时,会调用 getter() 函数进行计算,并将计算结果缓存起来。当参与计算的响应式数据发生变化时,会触发依赖更新,并自动调用 getter() 函数重新计算计算属性的值。当我们修改计算属性的值时,会调用 setter() 函数进行更新。

在 Vue 3 组合式 API 中,主要通过内置函数 computed()来创建一个计算属性,它会根据所依赖的数据进行动态计算,并返回一个 ref 对象,该对象将被缓存起来,只有依赖的响应式数据发生变化时,才会重新计算。

8.2　计算属性的特点

计算属性具有以下几个特点。

- 缓存性:计算属性会缓存依赖的数据,只有当依赖的数据发生变化时才会重新计算。如果多次访问该计算属性,Vue 会直接返回缓存的结果,提高了性能。
- 响应式:计算属性依赖的数据发生变化时,会自动重新计算,并更新绑定到该计算属性的视图。
- 可读性和可维护性:计算属性允许我们编写更清晰、可读性更高的代码,将复杂的逻辑封装在一个函数中,提高了可维护性。

8.3　计算属性的应用

在 Vue 3 中使用计算属性前,要先把 computed()函数导入组件中,导入的方法如下所示。

```
Import {computed} from 'vue'
```

计算属性
的应用

计算属性有以下两种基本用法。

(1) 创建一个只读的计算属性。如果传入的是一个 getter()函数,会返回一个不允许修改的计算属性。其语法格式如下。

```
const data = computer(
    () = >{
        return ...        //返回计算结果
    }
)
```

示例代码如下。

```
const count = ref(1)
const data = computed(
    () = >{
        return count. value + 1
    }
)
console. log(data.value)    //输入结果为 2
data. value = 3            //报错"Write operation failed: computed value is readonly",意思
                          //为计算属性的值是只读的
```

（2）创建一个可写的计算属性。其语法格式如下。

```
const data = computed({
    get:() = >{
        return ...          //返回计算结果
    },
    set:(newValue) = >{
        //这里是更改响应式数据代码
    }
})
```

示例代码如下。

```
const count = ref(1)
const data = computed({
  get:() = >{
    return count.value + 1
  },
  set:(val) = >{
    count.value = val
  }
})
console.log(data.value)      //输出结果为 2
data.value = 3               //更改 count 的值为 3
console.log(data.value)      //输出结果为 4
```

8.4　计算属性和函数的区别

在某些应用场景下,使用计算属性和函数都能够实现相同的业务逻辑,但是它们的底层机制是不同的,以下是计算属性和函数的区别。

（1）计算属性是基于它们的依赖进行缓存的,而函数不存在缓存。

（2）计算属性只有在它的相关依赖发生改变时才会重新求值,只要相关依赖没有改变,多次访问计算属性得到的值仍然是之前保存的缓存值,计算属性不会多次执行,而函数每调用一次就会执行一次。

（3）计算属性相对于函数在处理特定场合的业务上会更节省资源。

8.5　计算属性应用案例

【**案例 8-1**】　输入生日计算年龄。

```
< template >
    < p >请输入你的生日(YYYY - mm - dd):< input type = "text" v - model.lazy =
    "birthday"></ p >
    < p >你的年龄是:< span >{{age}}</ span >岁</ p >
</ template >
```

计算属性
应用案例

```
<script setup>
    //引入 ref()、computed()函数
    import {ref,computed} from 'vue'
    const birthday = ref('2005 - 05 - 23')
    const age = computed(() => {
        return new Date().getFullYear() - new Date(birthday.value).getFullYear()
    })
</script>
<style>
    span{color:red;font - weight: bold;}
</style>
```

上述案例的运行结果如图 8-1 所示。

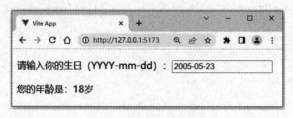

图 8-1　根据生日计算年龄

【案例 8-2】　根据商品的数量实时计算总金额,参考效果如图 8-2 所示。

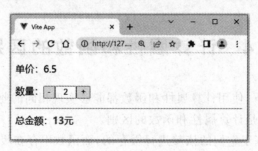

图 8-2　使用计算属性计算总金额

实现思路如下。

(1) 写组件模板(即 template)。

(2) 引入 ref()、computed()函数。

(3) 创建数据源。

(4) 实现数量的双向绑定。

(5) 写增加商品数量的函数并实现事件绑定。

(6) 写减少商品数量的函数并实现事件绑定。

(7) 使用 computed()函数创建计算属性,并计算总金额。

(8) 在模板中输出计算属性的值。

实现代码如下。

```
<template>
```

```
      <p>单价:{{price}}</p>
      <p>数量:<button @click = "sub"> - </button>
      < input type = "text" v - model = "num">
      < button @click = "add"> + </button></p>
      < hr >
      总金额:< span >{{total}}</span>元
</template >
< script setup >
      //引入 ref()、computed()函数
      import {ref,computed} from 'vue'
      const price = ref(6.5)
      const num = ref(0)
      //增加商品数量的函数
      const add = () =>{
          num.value++
      }
      //减少商品数量的函数
      const sub = () =>{
          if(num.value > 0){
              num.value --
          }
      }
      //使用 computed()函数计算总金额
      const total = computed(() =>{
          return price.value * num.value
      })
</script >
< style >
      input{width:30px;text - align: center;}
      span{color:red;font - weight: bold;}
</style >
```

练 习 题

一、单选题

1. 在 Vue 3 组合式 API 中,通过下列(   )函数可以创建计算属性。

   A. methods()　　　　B. computed()　　　　C. watch()　　　　D. reactive()

2. 以下的四个选项中,不属于计算属性特点的是(   )。

   A. 缓存性　　　　　　　　　　　B. 响应式

   C. 可读性和可维护性　　　　　　D. 解析型

3. 关于计算属性和函数的描述错误的是(   )。

   A. 计算属性是基于它们的依赖进行缓存的,而函数不存在缓存

   B. 计算属性只有在它的相关依赖发生改变时才会重新求值,而函数每调用一次

就会执行一次

C. 计算属性相对于函数在处理特定场合下的业务时更节省资源

D. 计算属性和函数的执行机制是一样的

4. 关于 Vue 3 计算属性说法,正确的是(   )。

A. 默认情况下,只有 get 属性而没有 set 属性

B. 默认情况下,既有 get 属性又有 set 属性

C. 默认情况下,只有 set 属性而没有 get 属性

D. 默认情况下,没有 get 属性和 set 属性

5. Vue 3 计算属性主要看依赖的数据,如果这个数据没有变化,计算属性中的函数就不会执行,因为它读取的是(   )。

A. 内存   B. 缓存   C. Vue 变量   D. 数组

二、实操题

1. 分别使用计算属性和函数动态计算文本域中的字符数,具体的业务逻辑为在文本域输入字符并失去焦点时,计算并输出文本域中的字符数。

2. 使用计算属性及相关知识,实现动态统计学生成绩的总分、平均分、最高分和最低分,参考效果如图 8-3 所示。

图 8-3 成绩统计

模块 9 组 件

知识**目标**
- 理解组件的定义和组成。
- 掌握注册组件的方法。
- 掌握组件化开发的方法。
- 掌握组件之间的数据交互。
- 掌握组件的切换。

能力**目标**
- 能够简述组件的定义及组成。
- 能够根据需求注册及使用全局组件和局部组件。
- 能够根据需求进行组件化开发。
- 能够根据需求实现组件之间数据传输和组件切换。

素质**目标**
- 培养学生的团队协作精神。
- 培养学生的整体性思维。
- 培养学生的创新意识。

知识**导图**

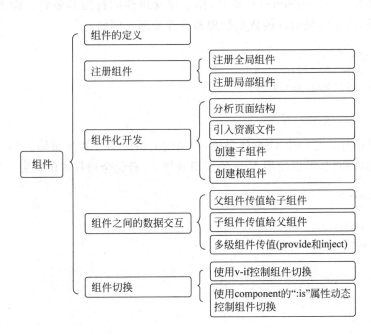

9.1 组件的定义

组件是一个独立的、可重用的代码块,它是 Vue 最强大的功能之一。一个 Vue 文件就是一个组件,它可以被导入其他组件中进行使用。Vue 的组件系统提供了简单而强大的方式来构建 Web 应用程序,使代码更易于维护和扩展。

组件的定义

Vue 组件由模板、脚本和样式三部分组成,如图 9-1 所示。

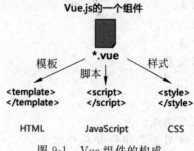

图 9-1　Vue 组件的构成

Vue 组件的模板是一个 HTML 代码块,用于定义组件的结构和内容。模板中可以包含 Vue 指令和表达式,用于实现动态数据的绑定和事件处理。例如:

```
<template>
    <p>{{msg}}</p>
</template>
```

Vue 脚本是一个 JavaScript 代码块,用于定义组件的行为和逻辑。脚本可以包含数据变量和方法,用于实现组件的数据管理和事件处理。例如:

```
<script setup>
    const showInfo = () =>{
        alert('Hello World!')
    }
</script>
```

Vue 组件的样式是一个 CSS 代码块,用来定义组件的外观和布局。如果定义的样式只可以在本组件使用,可以使用 Vue 的作用域样式,避免全局样式的冲突。例如:

```
<style scoped>
    P{
        color:red;
        font-size:18px;
    }
</style>
```

9.2　注　册　组　件

一个组件在使用之前，需要先被"注册"，这样在模板渲染时才能找到其对应的实现。组件的注册有两种方式：全局注册和局部注册。以下对这两种方式进行介绍。

注册组件

1. 注册全局组件

全局注册的组件称为全局组件。全局组件可以在任何组件的模板中直接使用，无须进行组件的局部注入或导入，这样可以减少重复的代码，提高代码的复用性和可维护性。但需要注意的是，全局组件会增加应用的体积，因为组件会在应用初始化时被加载，尽管该全局组件在应用中并没有用到，因此，在实际的项目中使用全局组件的场合不多，可根据实际情况选择是否使用全局组件。

注册全局组件的步骤如下。

（1）制作需要被注册为全局组件的组件。在 components 目录下制作一个组件 mycomponent.vue，该组件的代码如下。

```
<template>
    <h2>Hello Vue3!</h2>
</template>
```

（2）注册全局组件。打开 main.js 文件，引入并注册全局组件，具体代码如下。

```
Import {createApp} from 'vue '
Import App from './App.vue '
//引入组件 mycomponent.vue
Import MyComponent from './components/mycomponent.vue '
const app = createApp(App)
//使用组件的 component()方法注册全局组件,并给该全局组件取名为 MyComponet
app.component(" MyComponet ",MyComponent)
app.mount('♯app')
```

（3）应用全局组件。在 App.vue 中，通过以下代码直接应用全局组件。

```
<MyComponent />
```

运行 App.vue 组件，将会看到组件 component.vue 中的内容被输出。

2. 注册局部组件

局部注册的组件称为局部组件。相对于全局组件，局部组件应用最多，在一个应用中大部分都是局部组件。局部组件与全局组件的主要区别在于局部组件在使用前先要局部引入后才能使用，即需在相关的组件中先使用 import 指令引入局部组件，然后才能使用该局部组件。

以下以实例讲解如何注册局部组件。

（1）制作一个组件。在 components 目录下制作一个组件 SayHello. vue,该组件的代码如下。

```
< template >
    < h2 >大家好!</h2 >
</template>
```

（2）引入并应用组件。在需要应用组件 SayHello. vue 的组件中通过 import 指令引入组件 SayHello. vue 即可。例如,要在 App. vue 中应用组件 SayHello. vue,具体的代码如下。

```
< template >
    SayHello组件的内容如下:< br />
    < SayHello /> <!-- 应用组件 -->
</template>
< script setup >
    //引入组件 SayHello. vue
    Import SayHello from './components/SayHello. vue'
</script >
```

9.3 组件化开发

组件化开发

Vue 组件允许我们将 UI 划分为独立的、可重用的组件,并且每个组件都可以有各自的模板(template)、脚本(script)和样式(style)。在实际应用中,组件常常被组织成层层嵌套的树状结构。

我们也可这样来理解组件化开发:组件化就相当于一个页面,把页面中的每一个独立的功能分解出来形成单文件组件,最后再把它们组装起来,这样就形成了一个完整的页面,如图 9-2 所示。

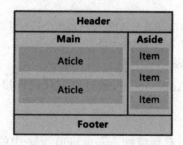

图 9-2   组件的树状结构

在图 9-2 中,根据页面的内容,整体上把页面分解为 Header、Main、Aside、Footer 四个组件,其中 Main 组件细分为两个 Aticle 组件,Aside 组件细分为三个 Item 组件。最后再把以上组件按照页面结构组织起来,这样就组装成了完整的页面,就像搭积木一样。

为了加深对组件化开发思想的理解,以下对花公子蜂蜜网站首页的 Web 页面进行组件化制作。具体的步骤如下。

1. 分析页面结构

（1）根据首页的页面结构整体把其分解为页头 Header、页面主体 Main、页脚 Footer 三个组件，如图 9-3 所示。

图 9-3 整体分解首页面

（2）根据页头 Header 的结构，将其组分解为 Top、Nav、Banner 三个组件，如图 9-4 所示。

图 9-4 分解 Header

（3）根据页面主体 Main 的结构，将其分解为 About、LatestPro、Link 三个组件，如图 9-5 所示。

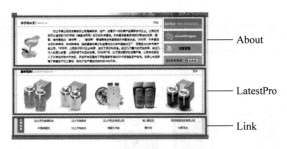

图 9-5 分解 Main

2. 引入资源文件

把该网页文件目录的 images 和 CSS 目录复制到应用的 src/assets/目录下。

87

3. 创建子组件

在 components 目录下创建目录 honey，在 honey 目录下分别创建文件 Header.vue、Main.vue、Footer.vue。

（1）Header.vue 组件的代码如下。

```
<template>
    //此处为网页文件 index.html 中页头位置、导航位置、banner 位置的 HTML 代码。在代码中注
    //意更改图片的路径为实际的图片引用路径
</template>
```

此时运行组件 Header.vue 的效果如图 9-6 所示。

图 9-6　Header.vue 组件效果

（2）Main.vue 组件的代码如下。

```
<template>
    //此处为网页文件 index.html 中关于花公子位置、最新蜂蜜位置、友情链接位置的 HTML 代
    //码。在代码中注意更改图片的路径为实际的图片引用路径
</template>
```

此时运行组件 Main.vue 的效果如图 9-7 所示。

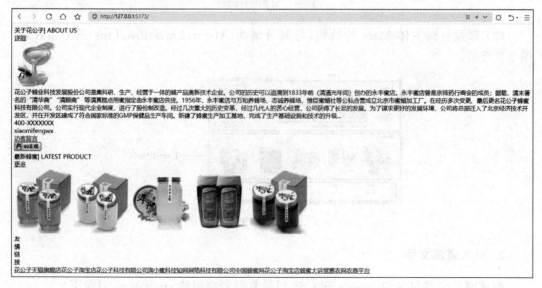

图 9-7　Main.vue 组件效果

（3）Footer.vue 文件代码如下。

```
<template>
    //此处为网页文件 index.html 中页脚位置的 HTML 代码。在代码中注意更改图片的路径为实
    //际的图片引用路径
</template>
```

此时运行组件 Footer.vue 的效果如图 9-8 所示。

图 9-8 Footer.vue 组件效果

4. 创建根组件

创建组件 Index.vue，在该组件中引入组件 Head.vue、Main.vue 和 Footer.vue，同时导入 style.css 文件。具体的代码如下。

```
<template>
    <Header />   <!-- 调用子组件 Header -->
    <Main />     <!-- 调用子组件 Main -->
    <Footer />   <!-- 调用子组件 Footer -->
</template>
<script setup>
    import Header from './Header.vue'      //引入子组件 Header.vue
    import Main from './Main.vue'          //引入子组件 Main.vue
    import Footer from './Footer.vue'      //引入子组件 Footer.vue
</script>
<style>
    @import url(../../assets/css/style.css);
</style>
```

此时运行组件 Index.vue 的效果如图 9-9 所示。

按照上述方法，可继续对 Header 组件和 Main 组件进行进一步的分解和组装，此处不再阐述。

通过以上方法，能够快速把已有的静态网页用 Vue 来进行开发。当然，现在大部分的应用基本都是前后端分离的，后端系统的前端很多都是用 Vue 来开发的，那么 Vue UI 框架就显得尤为重要了。Vue UI 框架提供了一套丰富的用户界面组件及完整的前端 UI 解决方案，如按钮、表单、导航、布局等，使得开发者可以专注于业务逻辑开发，而不用从零构建这些常用的界面元素，帮助开发者更快速地构建高质量的用户界面。常见的开源的 UI 框架有 Element UI、Ant Design Vue、bootstrap-vue、TinyVue、nutui、arco-design-vue 等。

89

图 9-9　Index.vue 组件效果

9.4　组件之间的数据交互

在实际的应用中,组件既相对独立,又相互联系。组件之间可以相互通信。例如,父组件传值给子组件,子组件传值给父组件,多级组件间相互传值等。以下将介绍这几种传值方式的使用。

1. 父组件传值给子组件

父组件传值给子组件的方法是在父组件中通过 props 参数(包括自定义属性、动态属性)定义要传递给子组件的数据,在子组件中则通过 defineProps()宏方法来接收父组件传过来的数据。需要注意的是,该方法需要在 Vue 3 组合式 API 的语法糖中使用。以下利用父组件传值给子组件的方法,模拟父亲向儿子传话。

(1)父组件 father.vue 的代码如下。

父组件传值
给子组件

```
< template >
    < h2 >父亲</h2 >
    <p>父亲说:
    < input type = "text" v - model = "content"></p>
    < hr >
    < Child name = "张扬" :content = "content"></Child >
</template >
< script setup >
    import {ref} from 'vue'
    import Child from './child.vue'
    const content = ref('')
</script >
```

在上述代码的< Child >标签中,name 为该标签的自定义属性,主要用于向子组件传递姓名"张扬";":content"是使用 v-bind 动态绑定的自定义属性,属性的值来自 script 中的数据源 content;数据源 content 则与 template 中的文本域进行数据的双向绑定,即自定义属性 content 的值来自文本域。

(2) 子组件 child.vue 的代码如下。

```
< template >
    < h2 >儿子</h2 >
    <P>父亲对我说:< span >{{name}},{{content}}</span ></P>
</template >
< script setup >
    const props = defineProps({
        name:String,      //接收父组件传来的 name 值,并指定为字符串类型
        content:String    //接收父组件传来的 content 值,并指定为字符串类型
    })
</script >
< style scoped >
    span{
        color:red;
    }
</style >
```

上述接收父组件的传值时,也可以使用以下写法。

```
const props = defineProps(['name','content'])
```

运行父组件的结果如图 9-10 所示。

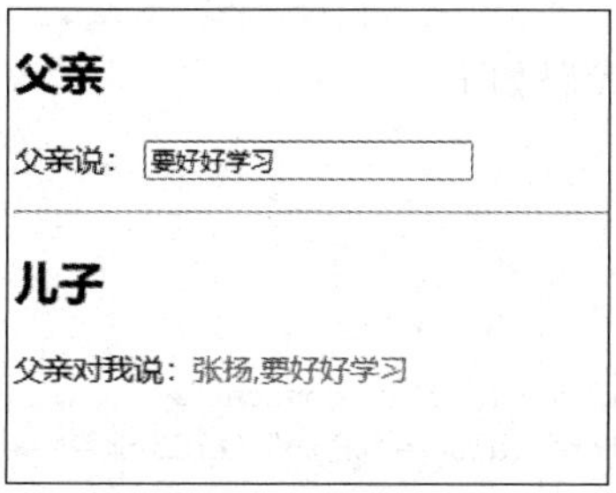

图 9-10　父组件传值给子组件

2. 子组件传值给父组件

子组件如果要传值给父组件,主要是通过自定义事件实现的。具体的实现方法是在子组件中使用 defineEmits()方法自定义事件,然后使用 emit()方法触发自定义事件并传递数据。

defineEmits()是 Vue 3 提供的方法,用于在 setup 中注册自定义事件,以实现子组件与父组件的通信。defineEmits()是一个宏函数,在使用时无须导入,直接使用即可。defineEmits 的使用方法如下。

子组件传值
给父组件

```
const emits = defineEmits(['onMsg'])
emits('onMsg',param)
```

上述代码的第一行是使用 defineEmits()函数注册了一个自定义事件,其中数组元素 onMsg 为自定义事件名,emits 是 defineEmits 返回的一个触发器;第二行使用触发器 emits 触发 onMsg 事件,param 是要传递给父组件的参数。

以下利用子组件向父组件传值的方法模拟儿子向父亲发信息。

(1) 父组件 father.vue 的代码如下。

```
<template>
    <h2>父亲</h2>
    <p>收到儿子的信息:<span>{{msg}}</span></p>
    <hr>
    <!-- 监听子组件的 changeMsg 事件 -->
    <Child @changeMsg = "changeMsg"></Child>
</template>
<script setup>
    import {ref} from 'vue'
    import Child from './child.vue'
    const msg = ref('')
    const changeMsg = (data) =>{
        msg.value = data
    }
</script>
<style scoped>
    span{
        color:red;
    }
</style>
```

(2) 子组件 child.vue 的代码如下。

```
<template>
    <h2>儿子</h2>
    <p>
        发信息给父亲:
        <input type = "text" v - model = "content">
        <input type = "button" value = "发送" @click = "sendMsg">
    </p>
</template>
```

```
< script setup >
    import {ref} from 'vue'
    const content = ref('')
    // 注册自定义事件 changeMsg 并返回触发器 emit
    const emit = defineEmits(['changeMsg'])
    const sendMsg = () = >{
        //触发自定义事件 changeMsg 并传值
        emit('changeMsg',content.value)
    }
</script >
```

运行父组件的结果如图 9-11 所示。

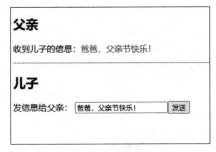

图 9-11　子组件传值给父组件

3. 多级组件传值(provide 和 inject)

provide 和 inject 主要用于父组件向子组件或多级嵌套的子组件之间的通信。provide 和 inject 通常是一起使用的,这可以被看作一种高级的依赖注入机制,允许跨层级组件实现状态共享,从而提高代码的可维护性和扩展性,如图 9-12 所示。

多级组件传值

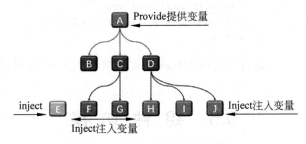

图 9-12　多级组件传值示意图

简单理解就是:父组件提供数据,后代组件读取数据。示例如下。

(1) 父组件 father.vue 的代码如下。

```
< template >
    < h2 >父组件</h2 >
    < input type = "button" value = "改变名字" @click = "changeName">
    < hr >
    < Child ></Child >
</template >
```

```
<script setup>
    import {ref,provide} from 'vue'
    import Child from './child.vue'
    const name = ref('张三')
    provide('name',name)  //提供数据
    const changeName = () =>{
        name.value = '李四'
    }
</script>
```

（2）子组件 child.vue 的代码如下。

```
<template>
    <h2>子组件</h2>
    <p>name:{{name}}</p>
    <hr>
    <Grandson></Grandson>
</template>
<script setup>
    import {inject} from 'vue'
    import Grandson from './grandson.vue'
    const name = inject("name") //读取数据
</script>
```

（3）孙组件 grandson.vue 的代码如下。

```
<template>
    <h2>孙组件</h2>
    <p>name:{{name}}</p>
</template>
<script setup>
    import {inject} from 'vue'
    var name = inject("name") //读取数据
</script>
```

运行父组件 father.vue 的效果如图 9-13 所示。

图 9-13 多级传值

9.5 组 件 切 换

1. 使用 v-if 控制组件切换

在 Vue 的应用中，可以通过 v-if 指令来控制组件的切换效果。以下以登录组件和注册组件的切换为例讲解 v-if 控制组件切换的方法。

（1）创建组件 login.vue，其代码如下。

```
<template>
    <h2>用户登录</h2>
    <p>账号:<input type = "text"></p>
```

使用 v-if 控制组件切换

```
    <p>密码:<input type = "password"></p>
    <p><input type = "button" value = "确定"></p>
</template>
```

（2）创建组件 reg.vue,其代码如下。

```
<template>
    <h2>用户注册</h2>
    <p>账号:<input type = "text"></p>
    <p>密码:<input type = "password"></p>
    <p>确认密码:<input type = "password"></p>
    <p>手机号码:<input type = "text"></p>
    <p><input type = "button" value = "注册"></p>
</template>
```

（3）创建组件 Index.vue,其代码如下。

```
<template>
    <p>
        <a href = "" @click.prevent = "flag = 'login'">登录</a>  
        <a href = "" @click.prevent = "flag = 'reg'">注册</a>
    </p>
    <hr>
    <Login v-if = "flag == 'login'"></Login>
    <Reg v-else></Reg>
</template>
<script setup>
    import {ref} from 'vue'
    import Login from './login.vue'
    import Reg from './reg.vue'
    const flag = ref('login')
</script>
```

运行组件 Index.vue,其效果如图 9-14 和图 9-15 所示。

图 9-14　登录页面

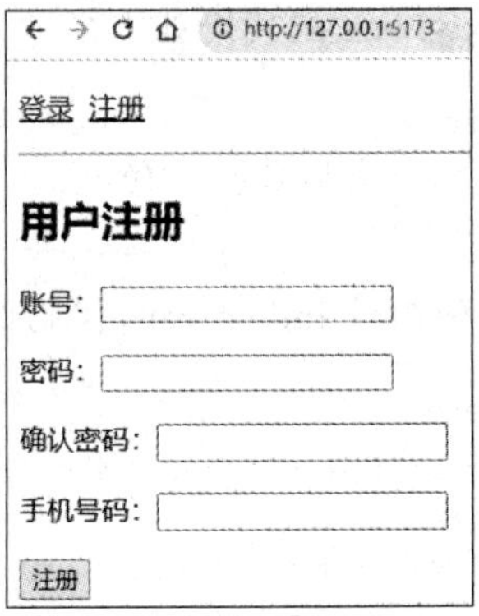

图 9-15　注册页面

2. 使用 component 的":is"属性动态控制组件切换

在 Vue 3 中,可以通过 component 的":is"属性来控制组件的切换效果。以下以制作个人简介页面切换效果为例讲解":is"属性的应用。

（1）分别创建组件 jbxx. vue、qzx. vue、xmjl. vue、hjzs. vue、zykc. vue、lxw. vue 等 6 个组件。

组件 jbxx. vue 的代码如下。

```
<template>
    <p>这里是基本信息…</p>
</template>
```

组件 qzx. vue 的代码如下。

```
<template>
    <p>这里是求职信…</p>
</template>
```

组件 xmjl. vue 的代码如下。

```
<template>
    <p>这里是项目经历…</p>
</template>
```

组件 hjzs. vue 的代码如下。

```
<template>
    <p>这里是获奖证书…</p>
</template>
```

组件 zykc. vue 的代码如下。

```
<template>
    <p>这里是专业课程…</p>
</template>
```

组件 lxw. vue 的代码如下。

```
<template>
    <p>这里是联系我…</p>
</template>
```

（2）创建组件 index. veu,代码如下。

```
<template>
    <h2>×××个人简介</h2>
    <p>
        <a href = "" @click. prevent = "comName = jbxx">基本信息</a>    
        <a href = "" @click. prevent = "comName = qzx">求职信</a>    
        <a href = "" @click. prevent = "comName = xmjl">项目经历</a>    
        <a href = "" @click. prevent = "comName = hjzs">获奖证书</a>    
```

```
            < a href = "" @click.prevent = "comName = zykc">专业课程</a >   
            < a href = "" @click.prevent = "comName = lxw">联系我</a>
        </p>
        < hr >
        < keep - alive >
            < component :is = "comName"></component >
        </keep - alive >
    </template >
< script setup >
    import {shallowRef} from 'vue'
    import jbxx from './jbxx.vue'
    import qzx from './qzx.vue'
    import xmjl from './xmjl.vue'
    import hjzs from './hjzs.vue'
    import zykc from './zykc.vue'
    import lxw from './lxw.vue'
    const comName = shallowRef(jbxx)
</script >
```

运行 index.vue 的效果如图 9-16 所示。

图 9-16　个人简介页面

在上述代码中,使用 keep-alive 标签对 component 进行了包裹。keep-alive 是 Vue 的内置组件,当它包裹动态组件时,会将不活动的组件实例放入缓存,而不是销毁它们。keep-alive 是一个抽象组件,自身不会渲染成一个 DOM 元素,也不会出现在父组件链中。

在组件切换的过程中,通过 keep-alive 将状态保留在内存中,这样可以防止重复渲染 DOM,减少加载的时间及性能消耗,提高用户的体验性。

练 习 题

一、单选题

1. 关于组件的说法错误的是(　　)。
    A. 组件不可以重复使用
    B. 组件是一个独立的、可重用的代码块
    C. 一个 Vue 文件就是一个单文件组件
    D. 组件可以封装可重用的 HTML 代码块

2. 组件由(　　)三部分组成。

    A. HTML、CSS、MySQL　　　　　　　　　B. template、script、style

    C. Model、View、Controller　　　　　　　D. template、JavaScript、CSS

3. 关于全局组件说法不正确的是(　　)。

    A. 全局组件可以在任何组件模板中直接使用

    B. 使用全局组件可以减少重复的代码,但会增加应用的体积

    C. 全局组件需要先局部注入或导入才能在模板中使用

    D. 全局组件会在应用初始化时被加载

4. 关于Vue组件化开发,说法正确的是(　　)。

    A. 组件化开发是一种将复杂的前端页面拆分成多个独立的、可重用的组件进行开发的方式

    B. 根据Vue组件化开发思想,可以将页面拆分成多个组件

    C. 每个组件必须要有模板、脚本和样式

    D. 组件化开发可以极大地提高开发效率和代码可维护性

5. 在父组件给子组件传值的过程中,可用来接收父组件传过来的数据的是(　　)。

    A. defineProps()　　　B. defineEmits()　　　C. ref()　　　　　　　　D. setup()

6. 父组件给子组件传值的方法是在父组件中通过(　　)定义要传递给子组件的数据的。

    A. let　　　　　　　　　　　　　　　　　B. ID

    C. 自定义属性、动态属性等　　　　　　　D. name

7. defineEmits()的作用是(　　)。

    A. 向父组件传值　　　　　　　　　　　　B. 向子组件传值

    C. 触发自定义事件　　　　　　　　　　　D. 注册一个自定义事件

8. 可用于实现多级组件传值的是(　　)。

    A. defineProps()　　　　　　　　　　　　B. defineEmits()

    C. setup()　　　　　　　　　　　　　　　D. provide 和 inject

9. 以下的四个选项中,能实现控制组件切换的是(　　)。

    A. v-bind 指令　　　B. v-if 指令　　　C. ":is"属性　　　D. B 和 C

10. 关于<keep-alive>标签,说法正确的是(　　)。

    A. <keep-alive>是 Vue 的内置组件

    B. <keep-alive>的主要作用是缓存组件实例,避免组件重复地被创建或销毁

    C. 在组件切换时,<keep-alive>包裹的组件将会被放到缓存中

    D. <keep-alive>包裹的组件在不活动时会被销毁

二、实操题

参考图 9-17,完成以下任务。

(1) 创建组件 Header.vue,用于显示标题。

(2) 创建组件 Add.vue,用于添加学生就业信息。

图 9-17　学生就业统计表

（3）创建组件 Count.vue，用于统计入职条件。

（4）创建组件 List.vue，用于输出学生就业信息列表。

（5）创建组件 Index.vue，用于把以上四个组拼接起来。

（6）使用组件通信知识实现添加功能。

（7）使用列表渲染知识输出就业信息列表。

（8）使用组件通信知识实现删除功能。

（9）使用组件通信知识统计就业信息的条数。

模块 10   插   槽

知识目标

- 理解插槽的定义。
- 掌握默认插槽的创建及使用方法。
- 掌握具名插槽的创建及使用方法。
- 掌握作用域插槽的创建及使用方法。

能力目标

- 能够根据需求创建和使用默认插槽。
- 能够根据需求创建和使用具名插槽。
- 能够根据需求创建和使用作用域插槽。

素质目标

- 增强学生的信息技术素养。
- 培养学生分析问题、解决问题的能力。
- 培养学生精益求精的工匠精神。

知识导图

10.1   插 槽 定 义

插槽就是子组件提供给父组件的一个占位符，用< slot ></slot >表示，父组件可以在这个占位符中填充任何模板代码，如 HTML 代码、组件等，填充的内容会替换子组件的< slot ></slot >标签，因此，可以把< slot >元素作为承载分发内容的出口。

以下通过一个形象的生活案例来帮助读者更好地理解插槽的含义。

插槽定义

　　俗话说"一个萝卜一个坑"。父组件想要在子组件中种"萝卜",就需要在子组件中挖个"坑",＜slot＞就是一个"萝卜坑"。父组件想要给子组件添加的内容就是"萝卜"。由此可见,"萝卜"种不种,种什么"萝卜",由父组件控制。"萝卜坑"在哪里,由子组件控制。

　　例如,在父组件中调用子组件 sonComponent 代码如下。

```
< sonComponent > Hello Vue3!</sonComponent >
```

　　子组件的模板如下。

```
< template >
    < h2 > < slot > </slot > </h2 >
</template >
```

　　当组件渲染的时候,"＜slot＞＜/slot＞"将会被替换为"Hello Vue3!",即渲染的结果为"＜h2＞Hello Vue3!＜/h2＞"。

　　Vue 3 中的插槽可以分为默认插槽、具名插槽和作用域插槽。每种类型的插槽都有各自的用处。通过使用插槽,我们可以将复杂的组件拆分成更小的、更独立的组件,并且将它们组合在一起,从而实现更高效灵活的开发。

10.2　默认插槽

　　默认插槽也叫匿名插槽,是指在组件中没有特定命名的插槽,也就是没有使用 v-slot 指令进行命名的插槽。默认插槽可以用来传递组件的内容,对于需要在组件中嵌入不同内容的情况非常有用。

　　下面以默认插槽输出内容为例,讲解默认插槽的应用。

默认插槽

　　(1) 创建子组件 Child.vue,代码如下。

```
< template >
    < p >子组件</p >
    < slot > </slot ><!-- 这是插槽占位符 -->
</template >
```

　　(2) 创建父组件 Father.vue,代码如下。

```
< template >
    < h2 >父组件</h2 >
    < hr >
    <!-- 调用子组件 Child,并向该子组件传入内容 -->
    < Child >
        < p >Hello World!(来自子组件的默认插槽)</p >
    </Child >
</template >
< script setup >
    import Child from './Child.vue'
</script >
```

运行组件 Father.vue 的效果如图 10-1 所示。

图 10-1　默认插槽

10.3　具名插槽

具名插槽就是给插槽取个名字。一个子组件可以放多个插槽,而且可以放在不同的地方,而父组件填充内容时,可以根据插槽名字把内容填充到对应插槽中。通过具名插槽,可以让组件内有多处自定义标签的能力,如果 slot 没有 name 属性,就是默认插槽,而父组件中不指定 slot 属性的内容,就会被插入默认插槽中。v-slot 可以简写为♯,但是必须写参数。

具名插槽

以下以制作图文展示栏为例,讲解具名插槽的使用方法。

(1) 创建子组件 Child.vue,代码如下。

```
< template >
    < div class = "box">
        < header >
            <!-- 创建插槽并取名为 header -->
            < slot name = "header"></slot>
        </header>
        < article >
            <!-- 创建插槽并取名为 header -->
            < slot name = "article"></slot>
        </article>
        < footer >
            <!-- 创建插槽并取名为 header -->
            < slot name = "footer"></slot>
        </footer>
    </div>
</template>
< script >
</script>
< style scoped >
    .box{
        width:250px;
        border:1px solid lightgray;
        background - color:lightyellow;
        padding:10px;
```

```
        }
        .box header{
            height:35px;
            text - align: center;
            line - height:35px;
            font - weight:bold;
            margin - bottom: 5px;
        }
        .box footer{
            height:30px;
            line - height: 30px;
        }
        .box footer,footer > a{
            font - size:13px;
            text - align: center;
        }
</style >
```

（2）创建父组件 Father. vue,代码如下。

```
< template >
    < h3 >具名插槽案例</h3 >
    < hr >
    < Child >
        <! -- 向名为 header 的插槽插入 template 标签包裹的内容 -->
        < template v - slot:header >美食</template >
        < template v - slot:article >
            < img src = "../../assets/pic - 1. fw. png" alt = "">
        </template >
        < template v - slot:footer >
            < a href = "">查看更多</a >
        </template >
    </Child >
    < Child >
        < template # header >水果</template >
        < template # article >
            < img src = "../../assets/pic - 2. fw. png" alt = "">
        </template >
        < template # footer >
            你想知道每种水果的功效吗?
        </template >
    </Child >
</template >
< script setup >
    import Child from './Child.vue'
</script >
< style scoped >
    .box{
        float:left;
        margin - left:30px;
```

```
    }
    .box article img{
        width:250px;
        border - radius: 10px;
    }
```

`</style>`

运行组件 Father.vue,效果如图 10-2 所示。

图 10-2　具名插槽案例效果图

10.4　作用域插槽

作用域插槽就是带数据的插槽,即带参数的插槽,简单来说就是子组件提供给父组件的参数,该参数仅限于插槽中使用,父组件可根据子组件传过来的插槽数据来进行不同的方式展现和填充插槽内容。

具体的应用方法为:首先在子组件的插槽标签< slot >上设置参数,即设置静态属性或动态属性;接着在父组件上的子组件标签上使用 v-slot＝"slotProps"或 v-slot＝"{参数 1,参数 2...}"方法接收插槽传来

作用域插槽

的参数;然后在插槽内容填充处使用{{slotProps. 参数名}}或{{参数名}}输出参数的内容。

以下通过案例来讲解作用域插槽的应用。

(1) 创建组件子组件 Child. vue,代码如下。

```
< template >
    < h2 >这是子组件</ h2 >
    <!-- 创建默认插槽,并动态绑定两个参数,通过插槽把这两个参数传递给父组件 -->
    < slot :myname = "name" :myage = "age"></ slot >
```

```
</template>
<script setup>
    const name = '张三'
    const age = 18
</script>
```

（2）创建父组件 Father.vue，代码如下。

```
<template>
    <h2>这是父组件</h2>
    <hr>
    <!-- (a)使用 v-slot 接收子组件插槽传来的参数并保存在 slotProps 对象中 -->
    <Child v-slot="slotProps">
        <!-- 输出插槽传来的参数值 -->
        姓名:{{slotProps.myname}}<br />
        年龄:{{slotProps.myage}}
    </Child>
    <hr>
    <!-- (b)使用 v-slot 接收子组件插槽传来的参数 -->
    <Child v-slot="{myname,myage}">
        <!-- 输出插槽传来的参数值 -->
        姓名:{{myname}}<br />
        年龄:{{myage}}
    </Child>
</template>
<script setup>
    import Child from './Child.vue'
    const content = 'how are you?'
</script>
```

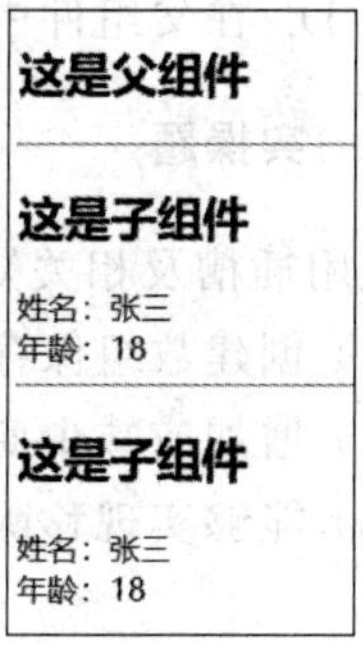

运行组件 Father.vue 的效果如图 10-3 所示。

上述示例使用了两种方法接收子组件传来的值。

图 10-3　作用域插槽案例效果图

练　习　题

一、单选题

1. 关于插槽的描述错误的是(　　)。

　　A. 一个组件中可以有多个插槽

　　B. 通过插槽可以实现组件内容的分发

　　C. 插槽是子组件提供给父组件使用的一个占位符，父组件可以在这个占位符中
　　　　填充模板代码、组件等

　　D. 一个组件中只能创建一个插槽

2. Vue 中引入插槽的目的是(　　)。

　　A. 定义组件的选项　　　　　　　　　　　　　B. 使组件更具有扩展性

C. 声明 props 的类型　　　　　　　　D. 定义组件的方法

3. 以下选项中可用来定义默认插槽的是(　　　)。

　　A. <slot></slot>

　　B.

　　C. <template></template>

　　D. <template v-slot></template v-slot>

4. 以下选项中属于具名插槽的是(　　　)。

　　A. <slot></slot>

　　B.

　　C. <slot name="header"></slot>

　　D. <v-slot id="header"></v-slot>

5. 关于作用域插槽的说法错误的是(　　　)。

　　A. 作用域插槽就是带数据的插槽

　　B. 通过子组件中的插槽传递给父组件的参数可以在插槽外使用

　　C. 在父组件中可以通过 v-slot="slotProps"来接收插槽传来的参数

　　D. 在父组件中可以通过 v-slot="{参数1,参数2…}"来接收插槽传来的参数

二、实操题

使用插槽及相关知识实现购物车列表效果,如图 10-4 所示。具体的业务逻辑如下。

(1) 创建数组保存购物车中的商品信息。

(2) 增加或减少商品数量,总价格会实时更新。

(3) 能够实现移除的功能。

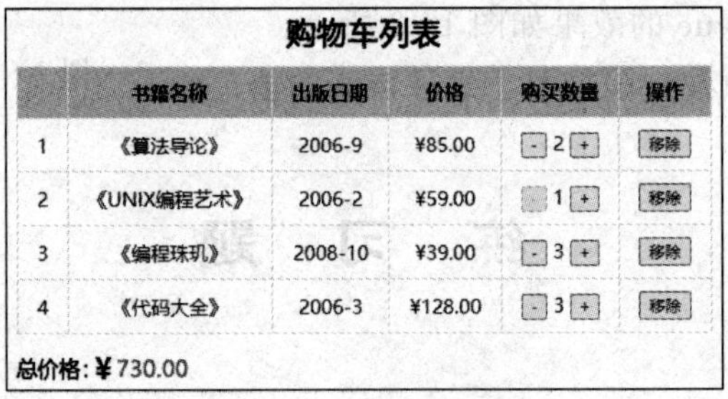

图 10-4　购物车效果

模块 11　生命周期

11.1　什么是生命周期

生命周期的含义

Vue 生命周期是指 Vue 实例对象从创建到销毁的过程,一共包含四个阶段,如图 11-1 所示。

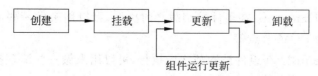

图 11-1　生命周期的四个阶段

- 创建阶段：用于创建和初始化组件实例的数据、方法等。
- 挂载阶段：用于将组件挂载到 DOM 上，并执行一些需要访问 DOM 的操作。
- 更新阶段：用于监听组件数据的变化，并且在数据发生变化后通过虚拟 DOM 同步视图（模板）。
- 卸载阶段：用于卸载组件实例和清理一些与组件相关的资源。

在实际的应用中需要注意以下几方面。

（1）创建阶段和挂载阶段的区别在于：挂载阶段是 DOM 已经初始化并绑定完成，可以在这个阶段做一些 DOM 操作，而创建阶段无法操作 DOM。

（2）在更新阶段会不断地循环，这是因为组件挂载完成之后到卸载之前，组件的运行过程就是不断地在更新和渲染，任意一个导致 DOM 重新渲染和更新的操作都属于更新阶段。

（3）实例对象不会自动卸载，需要我们主动触发。

11.2　生命周期钩子

在 Vue 3 的组合式 API 中，生命周期函数也称为生命周期钩子。这是 Vue 3 提供的一些特殊的函数，当组件运行到某个生命周期节点时就会调用这些函数。因此，我们可以在这些函数中编写一些自定义的代码逻辑，以完成一些特定的业务流程。例如，打开一个系统的列表页面，进入的时候就会自动查询一次当前功能的数据，并展示在页面中，此时，我们就可以通过绑定生命周期钩子再做自动处理。图 11-2 是 Vue 生命周期。

生命周期钩子

以下对 Vue 3 生命周期钩子做简要介绍。

（1）onBeforeMount：在组件被挂载到 DOM 之前执行，可以用来做一些预处理，比如更新组件当前的状态或做一些性能优化等。需注意，此时还无法访问 DOM。

（2）onMounted：在组件被挂载到 DOM 之后执行，可以用来做一些初始化操作，比如访问页面的 DOM 或绑定事件等。

（3）onBeforeUpdate：在组件更新之前执行，可以用来做一些预处理操作，比如更新组件当前的状态或更新 DOM 节点等。需要注意，此时内存中的数据已经被修改，但还没有更新到页面上。

（4）onUpdated：在组件更新之后执行，可以用来做一些后处理操作，比如更新 DOM 节点或更新组件状态等。

（5）onBeforeUnmount：在组件被卸载之前执行，可以用来做一些清理操作，比如清理组件状态或清理 DOM 节点等。

（6）onUnmounted：在组件被卸载之后执行，可以用来做一些清理操作，比如清理组件状态或清理 DOM 节点等。

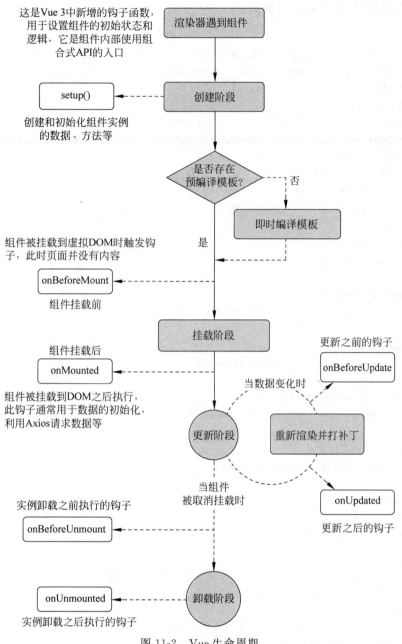

图 11-2　Vue 生命周期

11.3　生命周期钩子的应用

在实际的 Vue 项目中，可以在开发过程中选择合适的钩子函数来处理业务逻辑。以下通过案例介绍生命周期钩子函数的应用。

生命周期钩子的应用

（1）创建组件 11-1.vue,代码如下。

```
<template>
    <p>当前 num 的值是:{{num}}</p>
    <button @click = "num++">点我 + 1</button>
</template>
<script setup>
  import
  {ref,onBeforeMount,onMounted,onBeforeUpdate,onUpdated,onBeforeUnmount,onUnmounted} from 'vue'
  let num = ref(0)
  console.log('创建实例...')
  onBeforeMount(() =>{
      console.log(" --- onBeforeMount --- ")
  }),
  onMounted(() =>{
      console.log(" --- onMounted --- ")
  }),
  onBeforeUpdate(() =>{
      console.log(" --- onBeforeUpdate --- ")
  }),
  onUpdated(() =>{
      console.log(" --- onUpdated --- ")
  }),
  onBeforeUnmount(() =>{
      console.log(" --- onBeforeUnmount --- ")
  }),
  onUnmounted(() =>{
      console.log(" --- onUnmounted --- ")
  })
</script>
```

（2）创建组件 11-2.vue,代码如下。

```
<template>
    <button @click = "isShow = !isShow">显示/隐藏</button>
    <p>横线以下内容来自子组件</p>
    <hr />
    <!-- 如果 v - if 的值为 false,直接将组件卸载掉 -->
    <Child v - if = "isShow" />
</template>
<script setup>
    import Child from './11 - 1.vue'
    import {ref} from 'vue'
    let isShow = ref(true)
</script>
```

运行组件 11-2.vue 的效果如图 11-3~图 11-5 所示。

图 11-3　组件挂载到 DOM 之前和之后

图 11-4　组件在更新之前和更新之后

图 11-5　组件被卸载之前和卸载之后

练　习　题

一、单选题

1. Vue 生命周期包含(　　　)四个阶段。

A. 创建、挂载、更新、卸载　　　　　　B. 创建、运行、更新、清除

C. 创建、实例化、挂载、卸载　　　　　D. 创建、渲染、挂载、销毁

2. 能够访问模板渲染前的数据的钩子是(　　　)。

A. onBeforeMount　　　　　　　　　B. onMounted

C. onBeforeUpdate　　　　　　　　　D. onUpdated

3. 在完成模板渲染和挂载之后执行的生命钩子是(　　　)。

A. onBeforeMount　　　　　　　　　B. onMounted

C. onBeforeUpdate　　　　　　　　　D. onUpdated

4. 在组件更新之后执行的生命周期钩子是(　　　)。

A. onBeforeUpdate　　　　　　　　　B. onUnmounted

C. onBeforeMount　　　　　　　　　D. onUpdated

5. 关于 Vue 组件的生命周期,说法错误的是(　　　)。

A. 在 onMounted 钩子函数中可以直接获取 DOM 元素

B. 在 onBeforeMount 钩子函数中不可以直接获取 DOM 元素

C. 在 onBeforeUnmount 钩子函数中不可以直接获取 DOM 元素

D. 在 onUnmounted 钩子函数中不可以直接获取 DOM 元素

二、实操题

使用生命周期及相关知识完成新闻动态列表页效果,如图 11-6 所示。具体的业务逻辑如下。

(1)使用插槽实现栏目标题效果。

(2)创建数组存储新闻标题信息。

(3)完成实例创建后,使用列表渲染知识输出标题。

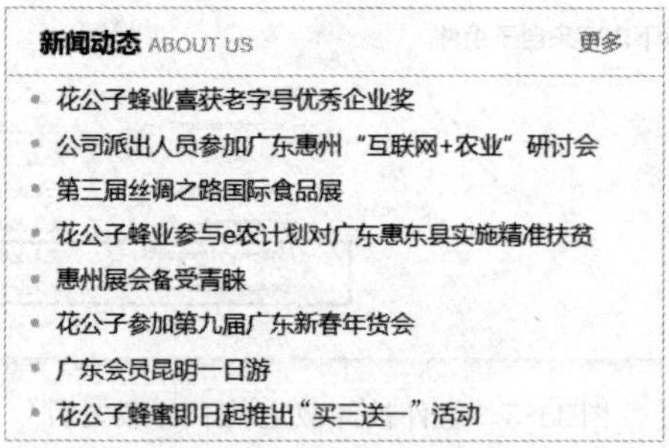

图 11-6　新闻动态列表

模块 12　动画和过渡

知识目标

- 掌握基于 class 的动画和过渡。
- 掌握基于 style 的动画和过渡。
- 掌握基于 transition 组件的动画和过渡。
- 掌握单元素过渡的方法。
- 掌握多元素过渡的方法。
- 掌握多组件过渡的方法。
- 掌握列表过渡的方法。
- 掌握如何集成第三方效果。

能力目标

- 能够根据需求制作基于 class、style 和 transition 的动画和过渡效果。
- 能够根据需求制作单元素、多元素、组件和列表的过渡效果。
- 能够利用第三方效果库制作动画和过渡效果。

素质目标

- 培养学生的审美观。
- 培养学生分析问题的能力。
- 培养学生的团队精神。

知识导图

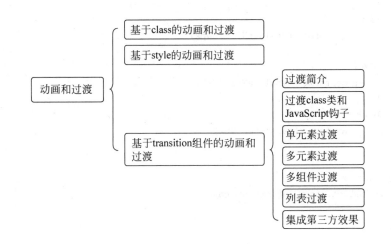

动画和过渡是在 Vue 3 中进行元素动态改变时的两种常用技术,可以通过给元素添加样式类或者行内样式来实现。这两种效果在实际的 Web 项目中应用非常多,因为它们能够提升用户的体验。

Vue 3 提供了一组非常方便的 API 来处理动画和过渡,主包括< transition >、< transition-group >、< keep-alive >、< teleport >、< suspense >等组件。其中 Transition 和 TransitionGroup 用于状态变化的动画和过渡;KeepAlive 用于多个组件间动态切换时缓存被移除的组件实例;Teleport 用于将一个组件内部的一部分模板"传送"到该组件的 DOM 结构外层的位置去;Suspense 目前还是实验性功能,是用来在组件树中协调对异步依赖的处理。接下来我们详细介绍常用组件的用法及应用场景。

12.1 基于 class 的动画和过渡

在 Vue 项目中,我们可以使用 CSS 3 的 animation 属性和@keyframes 属性来创建关键帧动画,然后通过 v-bind 指令动态绑定 class 属性来控制动画的播放与停止播放。以下通过案例来介绍其用法。

案例代码如下。

基于 class 的
动画和过渡

```
< template >
    < button @click = "show = !show">开始/停止</button>
    < h1 :class = "{myanimation:show}"> Hello VUE 3!</h1 >
</template >
< script setup >
    import {ref} from 'vue'
    const show = ref(false)
</script >
< style scoped >
    @keyframes shake{
        0 % {
            transform: translateX(0px);
        }
        33 % {
            transform: translateX( - 100px);
        }
        66 % {
            transform: translateX(100px);
        }
        100 % {
            transform: translateX(0px);
        }
    }
    .myanimation{
        animation:shake infinite 2s ease;
    }
</style >
```

本案例实现了左右移动的文字效果。效果图如图 12-1 所示。单击"开始/停止"按钮后,文字将会一直左右移动;再次单击"开始/停止"按钮后,文字停止运动。

图 12-1　左右移动的文字效果

12.2　基于 style 的动画和过渡

在 Vue 项目中,我们可以通过 v-bind 指令动态控制 style 属性来实现控制动画和过渡效果。以下通过"方框背景颜色随光标在 X 轴位置的变化而变化"案例介绍基于 style 动画和过渡的应用。

案例的具体代码如下。

```
<template>
    <div
        class="movearea"
        :style="{backgroundColor:`hsl( ${x},80%,50% )`}"
        @mousemove="xCoordinate"
    >
        <h3>在方框中左右移动光标</h3>
        <p>X 的坐标值:{{x}}</p>
    </div>
</template>
<script setup>
    import {ref} from 'vue'
    const x = ref(0)
    const xCoordinate = (e) =>{
        x.value = e.offsetX
    }
</script>
<style>
    .movearea{
        text-align: center;
        transition:0.2s ease;
        height:100px;
        width:40%;
        position:absolute;
        left:30%;
        color:orange;
```

基于 style 的
动画和过渡

115

```
        border:1px solid red;
    }
</style>
```

本案例的运行效果如图 12-2 和图 12-3 所示。

图 12-2 X 的坐标值为 350 时的效果

图 12-3 X 的坐标值为 118 时的效果

在本案例中使用了 hsl() 函数,该函数是使用色相、饱和度、亮度来定义颜色,即 hsl(色相、饱和度、亮度)。通过移动光标获取 X 轴的坐标值来设置函数 hsl() 的色相值,从而定义颜色。当光标在方框中移动时,其 X 值会不断地发生变化,即颜色值发生变化。把颜色值通过 v-bind 指令动态绑定到 style 属性,可以达到动态更新方框的背景颜色的目的。

12.3 基于 transition 组件的动画和过渡

12.3.1 过渡简介

在 Vue 3 中,过渡是一种在添加或删除元素时添加动画效果的方式,主要使用 transition 组件。过渡可以与 v-if、v-show、动态组件等指令一起使用,从而使元素的添加或删除具有动画效果。

过渡动画的触发时机如下。

(1)元素或组件初始化渲染时。

(2)元素或组件显示或隐藏时(包括条件渲染时)。

(3)元素或组件切换时。

常见的应用场景如下。

(1)页面路由切换时的过渡效果。

(2)列表元素插入、更新或删除时的过渡效果。

(3)表单验证提示信息的过渡效果。

12.3.2　过渡 class 类和 JavaScript 钩子

过渡 class 类和
JavaScript 钩子

　　Vue 3 的 transition 组件提供了可自定义 CSS 的 class 类，这些类可以用于自定义 CSS 过渡动画，当进入或离开过渡时，Vue 会自动在元素上添加这些类名。具体如表 12-1 所示。

表 12-1　CSS 过渡 class 类

类	状　态	作　用
*-enter-from	过渡开始时的状态	在元素被插入之前生效，在元素被插入之后的下一帧移除
*-enter-active	过渡生效时的状态	在整个进入过渡阶段中应用，在插入元素之前生效，在过渡动画完成之后移除。该类通常用于定义进入过渡的时间、延迟、曲线函数等
*-enter-to	过渡结束时的状态	在插入元素之后的下一帧生效，即 *-enter-from 被移除时；实际上是在过渡动画完成之后移除
*-leave-from	离开过渡时的开始状态	离开过渡被触发时立即生效，下一帧被移除
*-leave-active	离开过渡时的生效状态	在整个离开过渡阶段中应用。在离开过渡被触发时立即生效，在过渡动画完成之后移除。该类通常用于定义离开过渡的时间、延迟、曲线函数等
*-leave-to	离开过渡时的结束状态	在离开过渡被触发之后的下一帧生效，即 *-leave-from 被移除时；在过渡动画完成之后移除

　　注意：在使用的过程中，如果没有使用 name 给 transition 组件命名，则表 12-1 中的"*"为字符"v"，这是 Vue 3 默认的内置组件，如 v-enter-from；如果已经给 transition 命名，则"*"为该组件的名称，如 bounce-enter-from。

　　在 Vue 3 中，除了通过 CSS 的 class 类来控制元素进入和离开过渡效果外，还可以通过 JavaScript 的钩子函数来控制元素进入和离开过渡效果。如果只使用 JavaScript 实现过渡，则不需要定义 CSS 样式，但 enter 和 leave 钩子需要调用 done() 函数，用来明确结束时间，否则会导致它们同步调用，造成过渡立即结束。另外，在使用 JavaScript 钩子时应显式声明 css:false，这样 Vue 将会跳过 CSS 检测，避免 CSS 规则干扰。

　　JavaScript 钩子的使用方式如下。

```
<template>
    <transition
        @before - enter = "beforeEnter"
        @enter = "enter"
        @after - enter = "afterEnter"
        @enter - cancelled = "enterCancelled"
        @before - leave = "beforeLeave"
        @leave = "leave"
        @after - leave = "afterLeave"
        @leave - cancelled = "leaveCancelled"
```

```
            :css = "false"
        >
        </transition >
    </template >
    < script >
        const beforeEnter = (el) = >{ }
        const enter = (el,done) = >{
            done()
        }
        const afterEnter = (el) = >{ }
        const enterCancelled = (el) = >{ }
        const beforeLeave = (el) = >{ }
        const leave = (el,done) = >{
            done()
        }
        const afterLeave = (el) = >{ }
        const leaveCancelled = (el) = >{ } //只用于 v - show 中
    </script >
```

12.3.3　单元素过渡

单元素过渡是指在一个元素的状态之间进行切换时,自动应用过渡效果。

【案例 12-1】　淡入/淡出效果的具体代码如下。

单元素过渡

```
< template >
    < button @click = "show = ! show">切换</button >
    < transition name = "fade">
        < h2 v - if = "show">细节决定成败!</h2 >
    </transition >
</template >
< script setup >
    import {ref} from 'vue'
    const show = ref(true)
</script >
< style scoped >
    h2{color:red;}
    .fade - enter - active,
    .fade - leave - active{
        transition:opacity 1s ease;
    }
    .fade - enter - from,
    .fade - leave - to{
        opacity: 0;
    }
</style >
```

【**案例 12-2**】　字符弹跳效果，具体代码如下。

```
< template >
    < button @click = "show = !show">切换</button >
    < transition name = "bounce">
        < h2 v - if = "show">我们要有精益求精的精神!</h2 >
    </transition >
</template >
< script setup >
    import {ref} from 'vue'
    const show = ref(false)
</script >
< style scoped >
    .bounce - enter - active{
        animation:bounce - in 0.5s ease;
    }
    .bounce - leave - active{
        animation:bounce - out 2s;
    }
    @keyframes bounce - in{
        0 % {transform: translateY(0);}
        30 % {transform: translateY( - 30px);}
        50 % {transform: translateY(0px);}
        80 % {transform: translateY( - 10px);}
        100 % {transform: translateY(0px);}
    }
    @keyframes bounce - out{
        0 % {transform: translateY(0);}
        30 % {transform: translateY( - 30px);}
        100 % {transform: translateY(0px);}
    }
</style >
```

12.3.4　多元素过渡

transition 组件在同一时间内只能有一个元素显示。当有多个元素时，需要使用 v-if、v-else 或 v-else-if 来区别显示条件，并且元素需要绑定不同的 key 值，否则 Vue 会复用元素而无法产生动画效果。

另外，<transition>的默认行为会导致当一个元素离开过渡时，同时另一个元素会开始进入过渡，这样的效果往往满足不了所有要求。因此，Vue 提供了过渡模式，使用 mode = "in-out"表示新元素先进行过渡，完成之后当前元素过渡离开；使用 mode = "out-in"表示当前元素先进行过渡，完成之后新元素过渡进入。

多元素过渡

【**案例 12-3**】　诗句切换过渡效果，具体代码如下。

```
< template >
```

```
        <button @click = "show = !show">切换</button>
        <transition name = "sentences" mode = "out - in">
            <h2 name = "sentence1" v - if = "show">积土而为山,积水而为海</h2>
            <h2 name = "sentence2" v - else>人生在勤,勤则不匮</h2>
        </transition>
    </template>
    <script setup>
        import {ref} from 'vue'
        const show = ref(true)
    </script>
    <style>
        .sentences - enter - active,
        .sentences - leave - active{
            transition: opacity 1s;
        }
        .sentences - enter - from,
        .sentences - leave - to{
            opacity: 0;
        }
        h2{
            - webkit - appearance: none;
            - moz - appearance: none;
        }
    </style>
```

12.3.5 多组件过渡

多组件过渡不需要使用 key 属性,只需要使用动态组件即可。

【案例 12-4】 实现组件 A 和组件 B 切换时的过渡效果。

多组件过渡

```
    <template>
        <button @click = "changeCom">切换组件</button>
        <transition name = "myCom" mode = "out - in">
            <component :is = "comName"></component>
        </transition>
    </template>
    <script setup>
        import {ref, shallowRef} from 'vue'
        import myComA from './12 - 7.vue'
        import myComB from './12 - 8.vue'
        const comName = shallowRef(myComA)
        const changeCom = () = >{
            if(comName.value == myComA){
                comName.value = myComB
            }else{
                comName.value = myComA
            }
        }
```

```
</script>
<style>
    span{color:red;font-weight: bold;}
    .myCom-enter-from,
    .myCom-leave-to{
        opacity: 0;
    }
    .myCom-enter-active,
    .myCom-leave-active{
        transition:opacity 1s;
    }
</style>
```

12.3.6　列表过渡

Vue 3 提供了< transition-group >过渡标签,专门用于实现列表的过渡效果。< transition-group >会以一个真实元素渲染,默认为< span >,可以通过 tag 属性更换为其他元素。在列表过渡中,过渡模式并不可用,内部元素必须提供唯一的 key 属性。此外,当往列表插入或移除元素的时候,虽然用的是过渡动画,但是周围的元素会瞬间移动到新的位置,而不是平滑地过渡。为了实现平滑过渡,可以借助 v-move 特性,它会在元素改变定位的过程中应用,可以通过 name 属性来自定义前缀,当然也可以通过 move-class 属性手动设置自定义类名。

列表过渡

【案例 12-5】　实现添加、移除列表元素的过渡效果,具体代码如下。

```
<template>
    <button @click="add">添加</button>
    <button @click="remove">移除</button>
    <transition-group name="list" tag="p">
        <span v-for="item in items" :key="item" class="list-item">
            {{item}}
        </span>
    </transition-group>
</template>
<script setup>
    import {ref} from 'vue'
    const items = ref([1,2,3,4,5,6,7,8,9])
    const nextNumber = ref(10)
    //产生一个随机数。随机数最小值为 0,最大值为数组 items 的长度
    const randomIndex = () =>{
        return Math.floor(Math.random() * items.value.length)
    }
    //单击"添加"按钮时触发
    const add = () =>{
        items.value.splice(randomIndex(),0,nextNumber.value++)
```

```
        }
        //单击"移除"按钮时触发
        const remove = () =>{
            items.value.splice(randomIndex(),1)
        }
</script>
<style>
    .list-item{display: inline-block;margin-right:10px;}
    /* 插入元素过程 */
    .list-enter-active{transition: all 1s;}
    /* 移除元素过程 */
    .list-leave-active{transition: all 1s;position:absolute;}
    /* 开始插入、移除结束的位置变化 */
    .list-enter-from,.list-leave-to{opacity: 0;transform: translateY(30px);}
    /* 元素定位改变时触发动画,实现列表元素平滑过渡 */
    .list-move{transition: transform 1s;}
</style>
```

12.3.7　集成第三方效果

如果手动编写动画,效率是比较低的,所以在实际的应用中,通常会引用第三方的动画库,比如 Animate.css。这是一个跨平台的动画库,它可为我们提供非常丰富的动画效果。

集成第三方效果

在使用 Animate.css 的过程中,可以通过 enter-from-class、enter-active-class、enter-to-class、leave-from-class、leave-active-class、leave-to-class 这几个属性来自定义 CSS 过渡类名。这些类的优先级高于普通的类名,会覆盖默认的类名。

Animate.css 动画库的具体使用方法如下。

(1) 使用以下命令安装 animate.css。

```
npm install animate.css -save
```

(2) 在需要使用动画的组件中,使用以下命令引入动画库。

```
import 'animate.css'
```

(3) 应用动画。如果要给<h2>添加动画,需要通过 class 来调用。

```
<h2 calss="animate__animated animate__bounce"> Hello Animate.css!</h2>
```

上述代码中,animate__animated 为固定类名。在 animate__bounce 中,animate__ 为定义动画效果的前缀,bounce 为动画效果名(其他的动画效果名及具体的效果可参考官网)。

【案例 12-6】 给 h2 标签应用动画效果。

```
<template>
    <button @click="show = !show">切换内容</button>
```

```
        <h2 v-if="show" class="animate__animated animate__backInUp">Hello Animate.
            css!</h2>
        <h2 v-else class="animate__animated animate__backInUp">Hello Vue3!</h2>
</template>
<script setup>
    import {ref} from 'vue'
    import "animate.css"
    const show = ref(true)
</script>
```

【案例 12-7】　显示、隐藏动画效果。

```
<template>
    <div>
        <div>
            <button @click="show = !show">
                显示|隐藏
            </button>
        </div>
        <transition
            enter-active-class="animate__animated animate__backInDown"
            leave-active-class="animate__animated animate__backOutUp"
        >
            <h2 v-if="show">认真负责的工作态度</h2>
        </transition>
    </div>
</template>
<script setup>
    import {ref} from 'vue'
    import "animate.css"
    const show = ref(true)
</script>
```

练　习　题

一、单选题

1. 下列关于 Vue 为标签提供的过渡类名的说法,错误的是(　　)。

　　A. v-enter 在元素被插入之前生效,在元素被插入之后的下一帧移除

　　B. v-leave 在离开过渡并被触发时立刻生效,下一帧被移除

　　C. v-enter-active 可以控制进入过渡的不同的缓和曲线

　　D. 如果 name 属性为 my-name,那么 my-就是在过渡中切换的类名的前缀

2. 下列选项中关于多个元素过渡的说法,错误的是(　　)。

　　A. 当有相同标签名的元素切换时,需要通过 key 特性设置唯一的值来标记以让
　　　　 Vue 区分它们

123

B. 不相同元素之间可以使用 v-if 和 v-else 来进行过渡

C. 组件的默认行为指定进入和离开同时发生

D. 不可以给同一个元素的 key 特性设置不同的状态来代替 v-ii 和 v-else

3. 基于 class 的动画和过渡是通过 v-bind 指令动态绑定(　　)属性实现的。

    A. class　　　　　　　B. style　　　　　　　C. animate　　　　　　D. transition

4. 基于 style 的动画和过渡是通过 v-bind 指令动态绑定(　　)属性实现的。

    A. animation　　　　　B. class　　　　　　　C. style　　　　　　　D. keyframes

5. 在 Vue 3 中,过渡效果主要使用的组件是(　　)。

    A. transition　　　　　B. keep-alive　　　　　C. enter-from　　　　　D. teleport

6. transition 组件中用于设置过渡模式的属性是(　　)。

    A. mode　　　　　　　B. name　　　　　　　C. key　　　　　　　　D. in-out

7. 以下四个选项中,不能作为 Transition 触发条件的是(　　)。

    A. 由 v-if 所触发的切换　　　　　　　　B. 由 v-show 所触发的切换

    C. 由特殊元素切换的动态组件　　　　　　D. 响应式数据的变化

8. 关于 transition 的描述错误的是(　　)。

    A. 对于复杂的动画效果,Transition 组件的语法可能会显得有限

    B. transition 组件主要适用于一些简单的动画效果,对于复杂的动画效果可能需要使用其他的动画库或自定义实现

    C. transition 组件对于自定义过渡效果的支持有限

    D. transition 组件能实现几乎所有的动画效果

9. 如果使用一个没名字的< transition >,则(　　)是这些类名的默认前缀。

    A. v-　　　　　　　　B. f-　　　　　　　　C. c-　　　　　　　　D. y-

10. (　　)定义进入过渡生效时的状态。在整个过渡的阶段中应用,在元素被插入之前生效,在动画和过渡完成之后移除。

    A. *-enter-active　　B. *-enter-to　　　　C. *-enter-from　　D. *-leave-to

二、实操题

1. 以小组(3 人)为单位,使用 Vue 3 动画和过渡知识制作一个导航条,完成后汇报制作过程和演示实现的效果。

2. 以小组(3 人)为单位,使用 Vue 3 动画和过渡知识制作一个选项卡切换效果,完成后汇报制作过程和演示实现的效果。

模块 13　路　　由

- 了解路由的含义。
- 掌握 Vue Router 的基本应用。
- 掌握路由懒加载技术的应用。
- 掌握嵌套路由的创建及应用。
- 掌握动态路由的创建及应用。
- 掌握命名路由的创建及应用。
- 理解命名视图。
- 掌握编程式导航的知识及应用。
- 掌握导航守卫的分类及应用。
- 了解路由元信息。
- 理解前端路由的工作方式。

能力目标

- 能够根据需求使用 Vue Router 实现页面的跳转。
- 能够利用路由懒加载技术实现动态按需加载组件。
- 能够根据需求使用嵌套路由实现组件的跳转与管理。
- 能够根据需求使用动态路由实现组件的跳转与管理。
- 能够根据需求使用命名路由实现组件的跳转与管理。
- 能够使用导航守卫实现组件的访问控制。
- 能够利用路由元信息实现数据传递及逻辑控制。

素质目标

- 培养学生的信息安全意识。
- 培养学生的工程性思维。
- 培养学生换位思考的逻辑思维。
- 培养学生的自主探究能力。

知识**导图**

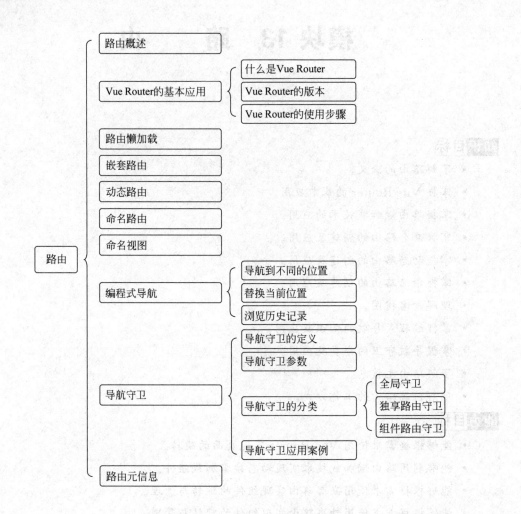

13.1 路 由 概 述

什么是路由(router)呢？简单来说,路由就是一种对应关系。路由分为前端路由和后端路由。前端路由就是 Hash 地址与组件之间的对应关系,而后端路由就是指请求方式、请求地址与 function 处理函数之间的对应关系。在 Vue 项目的开发中,我们说的路由指的是前端路由,前端路由的工作方式如图 13-1 所示。

路由概述

前端路由的工作过程如下所示。

(1) 用户单击页面上的路由链接。

(2) URL 地址栏中的 Hash 值发生变化。

(3) 前端路由监听到 Hash 地址的变化。

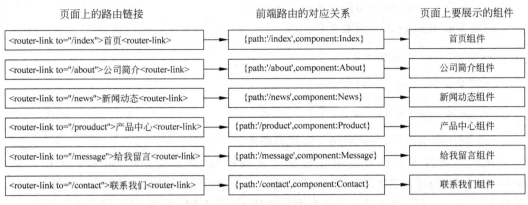

图 13-1　前端路由的工作方式

（4）前端路由把当前的 Hash 地址对应的组件渲染至指定页面的路由占位符。

13.2　Vue Router 的基本应用

1. 什么是 Vue Router

Vue Router 是 Vue 官方提供的路由插件，它与 Vue 核心深度集成，适合用于构建单页面应用。在 Vue 项目开发过程中，通过 Vue Router 能够轻松管理组件的切换。Vue Router 的主要功能如下。

Vue Router 的
基本应用

（1）嵌套路由映射。

（2）动态路由选择。

（3）模块化、基于组件的路由配置。

（4）路由参数、查询、通配符。

（5）展示由 Vue.js 的过渡系统提供的过渡效果。

（6）细致的导航控制。

（7）自动激活 CSS 类的链接。

（8）HTML 5 history 模式或 hash 模式。

（9）可定制的滚动行为。

（10）URL 的正确编码。

2. Vue Router 的版本

目前，Vue Router 有 3.x 和 4.x 两种版本。应注意在使用的过程中，Vue Router 3.x 只能在 Vue 2.x 中使用，Vue Router 4.x 只能在 Vue 3.x 中使用。

3. Vue Router 的使用步骤

Vue Router 的基本使用步骤如下。

（1）安装 Vue Router 插件 vue-router。

安装 Vue Router 3.x 版本命令：

Npm install vue-router@3

安装 Vue Router 4.x 版本命令：

Npm install vue-router@4

（2）制作路由组件，并声明路由链接和路由占位符。

在 Vue 项目中并没有使用 a 标签来实现链接，而是使用< router-link to="">
</router-link>组件来创建路由链接，其中属性 to 用于指定链接地址，通常为哈希地址，这样使得 Vue Router 可以在不重新加载页面的情况下更改 URL，处理 URL 的生成以及编码。

路由占位符使用< router-view ></router-view >组件，该组件是 Vue 最核心的路由管理组件，用于输出匹配的组件，可以理解为路由的出口。

（3）创建路由文件。

（4）挂载路由文件。

【案例 13-1】 制作唐诗欣赏网页。

（1）使用以下命令安装 Vue Router 插件。

npm install vue-router@4 或
yarn add vue-router@4

安装完成后，将会在 package.json 文件看到 vue-router 的版本信息。

（2）制作组件。在 component 目录下创建 b13 目录，并在该目录入创建组件。

① 创建组件 index.vue。

```
< template >
  < div class = "top">唐诗欣赏</div >
  < div class = "menu">
    <!-- 声明路由链接 ,通过传递 to 来指定链接 -->
    < router - link to = "/hxos">回乡偶书</router - link >
    < router - link to = "cyxy">春夜喜雨</router - link >
    < router - link to = "/dgql">登鹳雀楼</router - link >
  </div >
  < div class = "main">
    <!-- 路由占位符可以理解为路由出口,即路由匹配的组件将渲染在这里 -->
    < router - view ></router - view >
  </div >
</template >
< style >
  . top { height: 120px; border - bottom:1px solid gray; text - align: center; line - height:
  120px;font - size:30px;font - weight:bold;background: green;color:aliceblue;}
  . menu{width:1000px;height:100px;background - color: lightgray;margin:5px auto;}
  . menu a{display: block;float:left;height:30px;padding - left:10px;padding - right:10px;
  text - align: center;line - height: 30px;text - decoration: none;}
    /* 默认路由链接高亮显示样式 */
```

128

```
        .router - link - active{color:red;}
        /* 自定义路由链接高亮显示样式 */
        .router - current{background - color: green;color:yellow;}
        .menu a:hover{background - color: goldenrod;border - radius: 2px;}
        .main{width:1000px;min - height:600px;border:1px solid lightgray;
            margin:10px auto;padding - top:10px}
        .main div{font - size:20px;}
        .title{font - size:22px;font - weight: bold;}
        p{padding - left:20px;padding - right:20px;}
</style>
```

② 创建组件 hxos.vue。

```
<template>
  <div align = "center">
    <span class = "title">回乡偶书</span><br /><br />
    少小离家老大回,乡音无改鬓毛衰。<br /><br />
    儿童相见不相识,笑问客从何处来。
  </div>
</template>
```

③ 创建组件 cyxy.vue。

```
<template>
  <div align = "center">
    <span class = "title">春夜喜雨</span><br /><br />

    <span class = "STYLE2">好雨知时节,当春乃发生。<br /><br />
    随风潜入夜,润物细无声。<br /><br />
    野径云俱黑,江船火独明。<br /><br />
    晓看红湿处,花重锦官城。</span><br /><br />
  </div>
</template>
```

④ 创建组件 dgql.vue。

```
<template>
  <div align = "center">
    <span class = "title">登鹳雀楼</span><br /><br />

    <span>
      白日依山尽<br /><br />
      黄河入海流<br /><br />
      欲穷千里目<br /><br />
      更上一层楼
    </span><br /><br />
  </div>
</template>
```

（3）创建路由文件。在 str 目录下创建目录 router,并在 router 目录下创建路由文件 index.js,该路由文件的具体代码如下。

```
//引入 createRouter 和 createWebHashHistory 函数
import {createRouter,createWebHashHistory} from 'vue-router'
//引入路由组件
import Cyxy from '../components/b13/cyxy.vue'
import Hxos from '../components/b13/hxos.vue'
import Dgql from '../components/b13/dgql.vue'
//创建路由实例 router
const router = createRouter({
    //通过 History 属性指定路由的工作模式
    history:createWebHashHistory(),
    //自定义高亮路由显示
    linkActiveClass:'router-current',
    //通过 routes 数组指定路由规则
    routes:[
        {path:'/',redirect:'/hxos'},            //路由重定向
        {path:'/cyxy',component:Cyxy},
        {path:'/hxos',component:Hxos},
        {path:'/dgql',component:Dgql}
    ]
});
export default router                       //导出路由
```

（4）挂载路由文件。打开 main.js 文件，在该文件上挂载路由文件。

```
import { createApp } from 'vue'
import router from './router/index.js'   //引入路由文件
import App from './components/b13/Index.vue'
const app = createApp(App)
app.use(router)                          //挂载路由文件
app.mount('#app')
```

运行组件 index.vue，效果如图 13-2 所示。

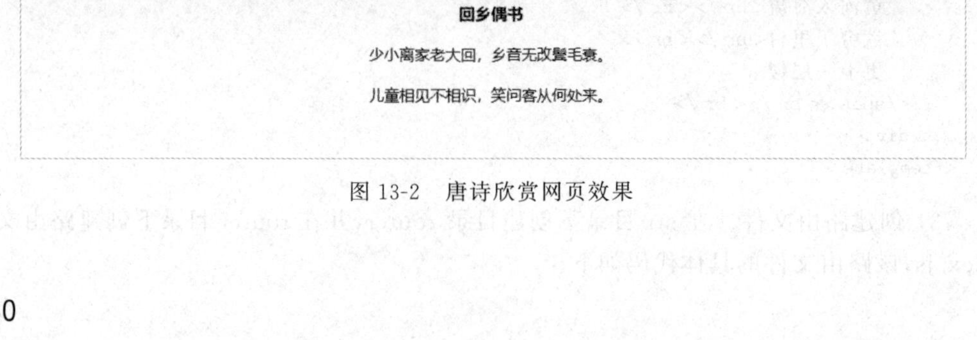

图 13-2　唐诗欣赏网页效果

13.3　路由懒加载

路由懒加载是一种优化技术，它是指在用户访问相应的路由时才进行加载。路由懒加载技术使得在初始加载时只加载必要的代码，而将其他路由的代码推迟到需要时再加载。即在使用懒加载的情况下，当用户切换某个懒加载的路由时，浏览器会发送请求去获取该路由对应的 JavaScript 文件，一旦 JavaScript 文件加载完成，路由所需的组件将会被实例化并渲染到页面上，这种按需加载的方式有助于减少初始加载的文件体积，提升应用程序的初始加载速度。

路由懒加载

在路由配置中，使用动态导入语法来指定需要懒加载的路由模块，使用 import()函数来异步加载模块。例如，在路由文件中引入 components 目录下的组件 about.vue，常规的写法如下。

```
import About from './components/about.vue'
```

采用懒加载的写法如下。

```
const About = () => import('./components/about.vue')
```

13.4　嵌　套　路　由

嵌套路由又称为子路由。在实际应用中，是指在父路由下新增一层或多层子路由，以实现对子组件的管理和控制，具体的使用方法如下。

(1) 在父组件中定义子路由链接和子路由占位符。示例代码如下。

```
<router-link to="/父路由地址/子路由地址"></router-link>
```

嵌套路由

(2) 在父路由规则中定义子路由规则。嵌套路由是在父路由中通过 children 属性来定义的，属性值为数组格式，用于定义具体的子路由，例如：

```
children:[
    {path:'login',component:Login},
    {path:'register',component:Register}
]
```

【案例 13-2】　在"唐诗欣赏网页案例"的基础上，使用嵌套路由给唐诗"回乡偶书"添加译文、注释和赏析。

具体的实现步骤如下。

(1) 创建子路由组件。

① 创建子路由组件 hxos-yw.vue。

```
< template >
    < p >
        我在年少时离开家乡,到了迟暮之年才回来.我的乡音虽未改变,但鬓角的毛发却已经疏
        落。儿童们看见我,没有一个认识的。他们笑着询问:这客人是从哪里来的呀?
    </ p >
</ template >
```

② 创建子路由组件 hxos-zs.vue。

```
< template >
    < p >
        (1)偶书:随便写的。偶:说明诗写作得很偶然,是随时有所见、有所感就写下来的。< br />
        (2)少小离家:贺知章三十七岁中进士,在此以前就离开家乡。< br />
        (3)老大:年纪大了。贺知章回乡时已年逾八十。< br >
        (4)乡音:家乡的口音。< br />
        (5)无改:没什么变化。一作"难改"。< br />
        (6)鬓毛衰:指鬓毛减少、疏落。鬓毛:额角边靠近耳朵的头发。一作"面毛"。衰:减少、
            疏落。< br />
        (7)相见:看见我。相:带有指代性的副词。< br />
        (8)不相识:即不认识我。< br />
        (9)笑问:一作"却问",一作"借问"。
    </ p >
</ template >
```

③ 创建子路由组件 hxos-sx.vue。

```
< template >
    < p >
        这是一首久客异乡、缅怀故里的感怀诗作。写于初来乍到之时,抒写久客伤老之情。在
        第一、二句中,诗人置身于故乡熟悉而又陌生的环境之中,一路迤逦行来,心情颇不平静:
        当年离家,风华正茂;今日返归,鬓毛疏落,不禁感慨系之。首句用"少小离家"与"老大
        回"的句中自对,概括写出数十年久客他乡的事实,暗寓自伤"老大"之情。次句以"鬓毛
        衰"顶承上句,具体写出自己的"老大"之态,并以不变的"乡音"映衬变化了的"鬓毛",言
        下大有"我不忘故乡,故乡可还认得我吗"之意,从而为唤起下两句儿童不相识而发问做
        好铺垫。
    </ p >
</ template >
```

（2）在组件 hxos.vue 上添加子路由链接和子路由占位符。

具体代码如下。

```
< template >
  < div align = "center" >
  < span class = "title">回乡偶书</span >< br />< br />
  少小离家老大回,乡音无改鬓毛衰。< br />< br />
  儿童相见不相识,笑问客从何处来。
  </ div >
    < br >
    < p >
```

```
        < router - link to = "/hxos/yw">译文</router - link >    
        < router - link to = "/hxos/zs">注释</router - link >    
        < router - link to = "/hxos/sx">赏析</router - link >
    </p>
    < p >
        < router - view ></router - view >
    </p>
</template >
```

（3）在路由文件 index.js 中添加子路由规则。具体代码如下。

```
//引入 createRouter()和 createWebHashHistory()函数
import {createRouter,createWebHashHistory} from 'vue - router'
//引入路由组件
const Cyxy = () = > import('../components/b13/cyxy.vue')
const Hxos = () = > import('../components/b13/hxos.vue')
const Dgql = () = > import('../components/b13/dgql.vue')
//引入子路由组件
const Hxos_yw = () = > import('../components/b13/hxos - yw.vue')
const Hxos_zs = () = > import('../components/b13/hxos - zs.vue')
const Hxos_sx = () = > import('../components/b13/hxos - sx.vue')
//创建路由实例 router
const router = createRouter({
    //通过 History 属性指定路由的工作模式
    history:createWebHashHistory(),
    //自定义高亮路由显示
    linkActiveClass:'router - current',
    //通过 routes 数组指定路由规则
    routes:[
        {path:'/',redirect:'/hxos'}, //路由重定向
        {path:'/cyxy/:nid',component:Cyxy,props:true},
        {
            path:'/hxos',
            component:Hxos,
            redirect:'/hxos/yw', //路由重定向,用于设置默认显示的子组件为 hxos - yw.vue
            children:[            //子路由规则
                {path:'yw',component:Hxos_yw},
                {path:'zs',component:Hxos_zs},
                {path:'sx',component:Hxos_sx}
            ]
        },
        {path:'/dgql',component:Dgql}
    ]
});
export default router            //导出路由
```

此时,运行组件 index.vue,得到的效果如图 13-3～图 13-5 所示。

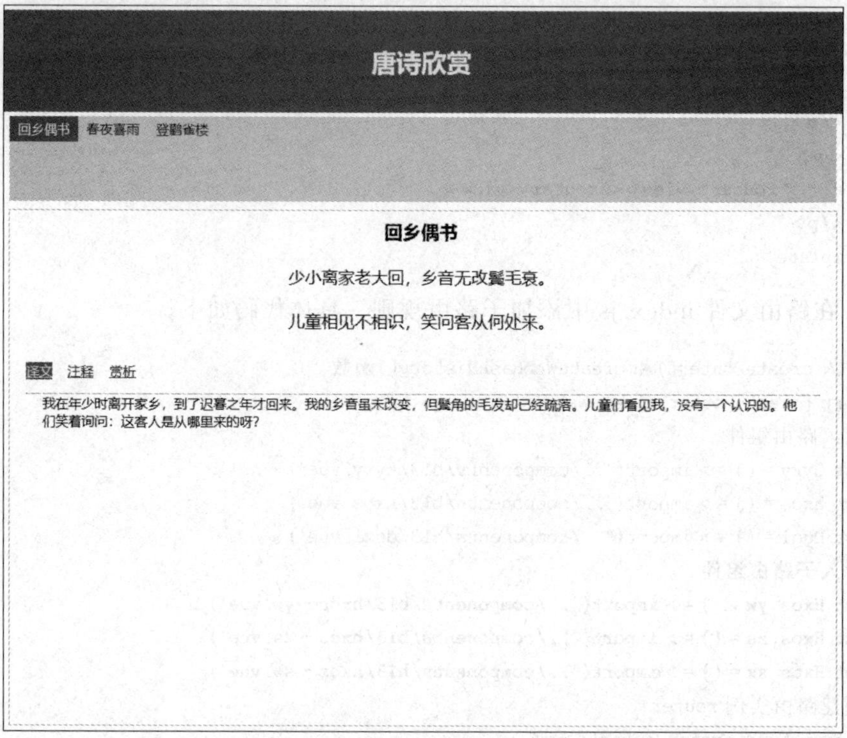

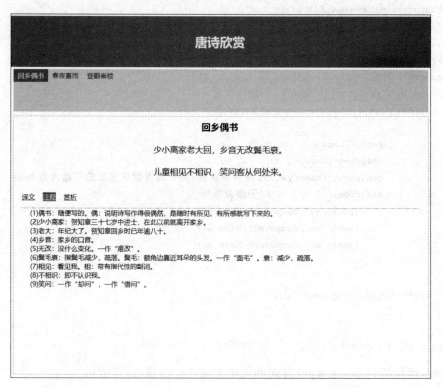

图 13-3　输出子组件译文效果

图 13-4　输出子组件注释效果

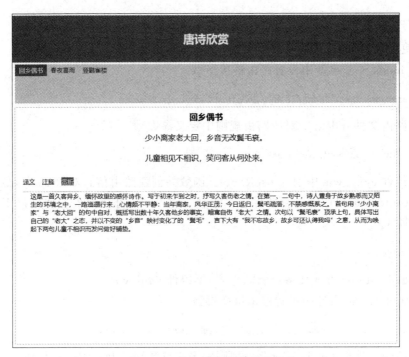

图 13-5　输出子组件赏析效果

13.5　动 态 路 由

动态路由指的是把路由地址（Hash 地址）可变的部分定义为参数项，从而提高路由规则的复用性。在 vue-router 中使用冒号（:）来定义路由的参数项。示例代码如下。

```
{path:"/news/:id",component:News}
```

在上述的示例代码中，":id"表示文章 id,它是一个动态值。另外，在 Vue 3 中，$route 是 Vue Router 提供的一个全局变量,用于获取当前路由信息。通过 $route 对象,可以获取当前路由和路径、参数和查询字符串等信息。

【案例 13-3】　在案例 13-2 的基础上,使用动态路由传参。

（1）使用 query 方式传参（作者）给组件 hxos.vue。

① 在 index.vue 组件中设置路由链接参数。

```
< router - link to = "/hxos?author = 贺知章">回乡偶书</router - link >
```

② 在组件 hxos.vue 中引入 useRoute()函数并创建路由信息对象 route,然后从路由信息对象 route 中取出作者名称并保存在常量 author 中,再在模板上使用以下代码输出作者姓名即可。

135

{{author}}

(2) 使用 params 方式传参(作者)给组件 cyxy.vue。

① 在 index.vue 组件中设置路由链接参数。

```
< router - link to = "/cyxy/杜甫">春夜喜雨</router - link >
```

② 在路由文件 index.js 对应路由规则中定义参数项。

```
{path:'/cyxy/:author',component:Cyxy}
```

③ 在组件 cyxy.vue 中引入 useRoute()函数并创建路由信息对象 route,然后从路由信息对象 route 中取出作者名称并保存在常量 author 中,再在模板上使用以下代码输出作者姓名即可。

{{author}}

(3) 使用 params 方式传参(朝代、作者)给组件 dgql.vue。

① 在 index.vue 组件中设置路由链接参数。

```
< router - link to = "/dgql/唐/王之涣">登鹳雀楼</router - link >
```

② 在路由文件 index.js 对应路由规则中定义参数项并开启 Props 传值。

```
{path:'/dgql/:dynasty/:author',component:Dgql,props:true}
```

③ 在组件 dgql.vue 中接收参数并输出。
在 scripte 中使用以下代码接收参数。

```
const data = defineProps(['dynasty','author'])
```

在 template 中使用以下代码输出参数。

```
{{data.dynasty}}  {{data.author}}
```

13.6 命 名 路 由

通过 name 属性为路由规则定义名称的方式叫作命名路由。使用命名路由时,需要注意 name 的值不能重复,必须保证其唯一性。

【案例 13-4】 在案例 13-3 的基础上,使用命名路由实现跳转及传参。
具体的实现步骤如下。

(1) 在路由文件 index.js 中设置命名路由。

命名路由

```
{path:'/dgql/:dynasty/:author',component:Dgql,props:true,name:'dgql'}
```

(2) index.vue 组件中通过以下方式实现对"登鹳雀楼"的跳转及参数传递。

```
< router - link :to = "{name:'dgql',params:{dynasty:'唐',author:'王之涣'}}">登鹳雀楼</router - link >
```

13.7 命名视图

命名视图是在 Vue 中用于定义具有多个视图的路由配置方式。通常一个路由对应一个视图组件,但在某些情况下,需要在同一个路由下渲染多个视图组件,而不是嵌套展示。在一个界面中可以包含多个单独命名的视图,而不是只有一个单独的出口。如果 router-view 没有设置名字,那么默认为 default。

例如,创建一个布局,有 header(头部)、sidebar(侧导航)和 main(主内容)三个视图,这时就可使用命名视图来实现这个需求。

示例代码如下。

```
const routes = [
  {
    path: '/dashboard',
    components: {
      header: Header,
      sidebar: Sidebar,
      main: MainContent
    }
  }
];
```

在上面的代码中,/dashboard 路径下的视图将同时渲染 Header 组件、Sidebar 组件和 MainContent 组件。这三个组件被命名为 header、sidebar 和 main,分别对应于页面中的不同部分。

在模板中使用命名视图时,可以使用< router-view >组件,并通过 name 属性指定要渲染的命名视图。示例代码如下。

```
< router - view name = "header"></router - view >
< router - view name = "sidebar"></router - view >
< router - view name = "main"></router - view >
```

通过命名视图,我们可以更灵活地组合和渲染多个视图组件,并为它们提供独立的命名空间。这在构建复杂的布局和页面结构时非常有用,可以更好地组织和管理代码。

13.8 编程式导航

Vue Router 是 Vue 官方的路由管理器,它与 Vue.js 核心深度集成,让构建单页面应用变得轻而易举。在 Vue 3 中,我们依然可以使用 Vue Router 来管理路由,并且 Vue 3 中引入的 Composition API 为编程式路由导航带来了全新的可能性。

编程式导航是通过代码来实现页面跳转的一种方式,它与使用组

编程式导航

件进行声明式导航不同,编程式导航更加灵活,可以在任何地方触发,适用于诸如按钮单击、表单提交等场景。

1. 导航到不同的位置

在 Vue 3 的组合式 API 中,可以通过调用 useRouter()方法来访问路由器,代码如下。

```
Import {useRouter} from 'vue-router'     //引入方法 useRouter()
const router = useRouter()               //创建路由实例
```

路由实例创建好后,就可以通过 router.push()方法导航到不同的页面了。router.push()方法的参数可以是一个字符串路径或者描述地址的对象。router.push()方法的参数有以下几种情况。

(1) 参数为字符串路径。

```
router.push('/news')
```

(2) 参数带有路径对象。

```
router.push({path:'/news'})
```

(3) 参数有命名路由和参数。

```
router.push({name:'news',params:{id:1}})
```

(4) 参数有路径并带有参数。

```
router.push({path:'/register',query:{plan:'private'}})
```

2. 替换当前位置

在 Vue 路由中,可以使用 router.replace()替换当前的位置,它的作用类似于 router.push,唯一不同的是,它在导航时不会向 history 添加新记录,示例代码如下。

```
router.replace({path:'home'})
```

3. 浏览历史记录

router 的实例方法采用一个整数作为参数,表示在历史堆栈中前进或后退多少步,类似于 window.history.go(n)。

```
//向前移动一条记录,与 router.forward() 相同
router.go(1)
//返回一条记录,与 router.back() 相同
router.go(-1)
//前进 3 条记录
router.go(3)
//如果没有太多记录,静默失败
```

```
router.go(-100)
router.go(100)
```

13.9　导航守卫

1. 导航守卫的定义

导航守卫是 Vue Router 提供的一种功能,用于在路由导航过程中对路由进行控制和管理。导航守卫允许开发者在路由导航的不同阶段执行自定义的逻辑,开发者可以灵活地控制和管理路由导航过程,实现更精细化的路由逻辑和用户体验,在开发中常用于实现以下功能。

导航守卫

(1) 身份验证:在切换到需要登录的路由前,检查用户是否已登录。

(2) 权限控制:根据用户角色或权限,限制访问某些特定路由。

(3) 数据加载:在路由切换前,通过异步请求加载必要的数据。

(4) 页面跳转拦截:在特定条件下,阻止或重定向路由导航。

为了加深读者对导航守卫的理解,下面以用户访问后台主页为例进行介绍。

在引入导航守卫前,无法控制用户访问权限,用户在没有登录的情况下可以直接访问后台主页,如图 13-6 所示。

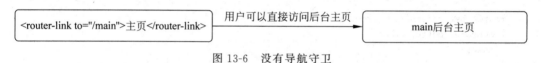

图 13-6　没有导航守卫

在引入导航守卫后,可设置导航守卫来检测用户是否登录,如果已登录,则进入后台页;如果未登录,则强制进入登录页,如图 13-7 所示。

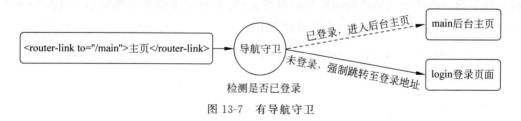

图 13-7　有导航守卫

2. 导航守卫参数

导航守卫的参数有以下三个,其主要作用如下。

(1) to:将要访问的路由信息对象。

(2) from:将要离开的路由信息对象。

(3) next:函数。

139

① 调用 next()表示放行,允许本次路由导航。

② 调用 next(false)表示不放行,不允许此次路由导航。

③ 调用 next({routerPath})表示导航到此地址。一般情况用户未登录时,会导航到登录界面。

导航守卫参数应用示意图如图 13-8 所示。

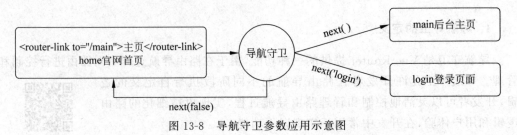

图 13-8　导航守卫参数应用示意图

3. 导航守卫的分类

导航守卫可以分为全局守卫、独享路由守卫、组件路由守卫。以下分别介绍这种守卫的应用。

(1) 全局守卫。

① 全局前置守卫。每次发生路由的导航跳转时,都会触发全局前置守卫,因此,在全局前置守卫中,程序员可以对每个路由进行访问权限的控制。在路由文件中,可以使用以下语法注册一个全局前置守卫。

```
router.beforeEach((to, from, next) => {
  console.log(to, from)
  next()
});
```

② 全局解析守卫。使用 router.beforeResolve 可以注册一个全局解析守卫。这和router.beforeEach 类似,因为它在每次导航时都会触发,但是确保在导航被确认之前,同时在所有组件内守卫和异步路由组件被解析之后,解析守卫就被正确调用。在路由文件中,可以使用以下语法注册一个全局解析守卫。

```
router.beforeResolve((to, from, next) => {
  console.log(to,from)
  next()
})
```

③ 全局后置钩子。使用 router.afterEach 可以注册全局后置钩子。然而与守卫不同的是,这些钩子既不会接收 next()函数,也不会改变导航本身,但它们对于分析、更改页面标题和声明页面等辅助功能,以及其他事情都很有用。在路由文件中,可以使用以下语法注册一个全局后置钩子。

```
router.afterEach((to, from) => {
    console.log(to,from);
})
```

（2）独享路由守卫。独享路由守卫是单个路由享用的路由守卫，即当前的守卫只能给路由自己使用。在使用的过程中需要注意，beforeEnter 守卫只在进入路由时触发，不会在 params、query 或 hash 改变时触发。可以直接在路由配置上使用 beforeEnter 创建路由独享守卫。示例代码如下。

```
const routes = [
  {
    path: '/cats',
    component: Cats,
    beforeEnter: (to, from,next) => {          //独享路由守卫
      if(to.meta.isAuth) {
          next()
      }else {
          alert('暂无权限')
      }
    },
  },
]
```

（3）组件路由守卫。组件路由守卫是写在每个单独的 Vue 文件里面的路由守卫，组件路由守卫有以下三个。

① beforeRouteEnter：在进入路由前执行，可以访问组件实例。

② beforeRouteUpdate：在当前路由复用组件时执行，如从/user/1 切换到/user/2。

③ beforeRouteLeave：在离开当前路由前执行。

使用方法如下。

```
export default {
  beforeRouteEnter(to, from, next) {
    //在进入路由前执行一些操作
    next();
  },
  beforeRouteUpdate(to, from, next) {
    //在当前路由复用组件时执行一些操作
    next();
  },
  beforeRouteLeave(to, from, next) {
    //在离开当前路由前执行一些操作
    next();
  },
  //组件其他配置……
};
```

4. 导航守卫应用案例

（1）案例描述。本案例模拟登录验证效果，具体的业务逻辑如下。

① 登录页面的效果如图 13-9 所示。

导航守卫
应用案例

图 13-9 用户登录页面

② 如果输入的账号或密码不正确,则弹出对话框并显示"提示:你输入的账号或密码不正确!",如图 13-10 所示。如果输入的账号和密码是正确的,则弹出对话框并显示"登录成功!",如图 13-11 所示。

图 13-10 账号或密码不正确

③ 登录成功后,进入主页面,如图 13-12 所示。

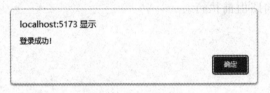

图 13-11 登录成功

图 13-12 主页面

④ 在主页面上单击"退出"按钮,将会退出。需要注意的是,如果在没有登录成功的情况下在浏览器的地址栏输入主页面的地址试图访问,将会弹出对话框并显示"提示:请不要非法访问!",如图 13-13 所示。

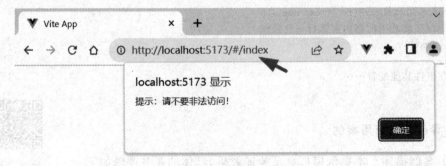

图 13-13 非法访问

（2）案例实现。

① 创建 Index.vue 组件，具体代码如下。

```
<template>
    <div>
      <router-view></router-view>
    </div>
</template>
```

② 创建 Login.vue 组件，具体代码如下。

```
<template>
    <table>
        <tr><td colspan="2">用户登录</td></tr>
        <tr><td width="70">账号</td>
            <td><input type="text" id="user" v-model="user"></td></tr>
        <tr><td>密码</td>
            <td><input type="password" id="passwd" v-model="passwd"></td></tr>
        <tr><td colspan="2"><input type="button" id="btn" @click="sub" value="确
         定">
        </td></tr>
    </table>
</template>
<script setup>
  import {ref} from 'vue'
  import {useRouter} from 'vue-router'   //引入函数 useRouter()
  const router = useRouter()             //创建路由实例
  const user = ref('')
  const passwd = ref('')
  const sub = () =>{ //创建事件方法 sub()
      //以账号为 abc 及密码为 123 进行模拟
      if(user.value == 'abc' && passwd.value == '123'){
      //登录成功后,使用 sessionStorage 存储 Flag 和 user 信息。
      //Flag 用作验证成功的标记,user 用于存储账号
      sessionStorage.setItem("Flag",true)
      sessionStorage.setItem("user",user.value)
      //提示登录成功
      alert('登录成功!')
      //跳转到 Index.vue 组
      router.push('/Index')
    }else{
      alert('提示:你输入的账号或密码不正确!')
    }
  }
</script>
<style scoped>
    table{width:400px;height:240px;border:1px solid rgb(207, 207, 207);
    border-collapse: collapse;margin-left:auto;margin-right:auto;margin-top:200px;}
    tr:first-child{font-size:20px;font-family: 微软雅黑;font-weight: bold;}
    td{height:50px;text-align: center;}
```

```
    #user,#passwd{height:30px;width:260px;border-radius: 5px;
    border:1px solid gainsboro;text-align: center;}
    #btn{height: 33px; width: 90px; border-radius: 17px; background-color: green; border:
    none;color:#fff;font-size:15px;box-shadow: 3px 3px 4px rgb(204, 203, 203);}
</style>
```

③ 创建 Welcome.vue 组件，具体代码如下。

```
<template>
  <h2>欢迎<span>{{ user }}</span>登录!</h2>
  <input type = "button" @click = "logout" value = "退出">
</template>
<script setup>
  import { useRouter } from 'vue-router';
  //创建路由实例
  const router = useRouter()
  //获取 user 的值
  const user = sessionStorage.getItem('user')
  //退出方法
  const logout = () =>{
    sessionStorage.removeItem('Flag')
    sessionStorage.removeItem('user')
    alert('退出成功!')
    router.push('/')
  }
</script>
<style scoped>
  span{color:red;font-weight:bold;}
</style>
```

④ 创建 router.js 路由文件，具体代码如下。

注意：路由文件与组件在同一级目录。

```
import {createRouter,createWebHashHistory} from 'vue-router'
import Welcome from './Welcome.vue'
import Login from './Login.vue'
//创建路由实例
const router = createRouter({
  history:createWebHashHistory(),
  routes:[
    {path:'/',redirect:'/login'},
    {path:'/login',component:Login},
    {path:'/index',component:Welcome},
    {path:'/welcome',component:Welcome}
  ]
})
//添加导航守卫(全局前置守卫)
router.beforeEach((to, from, next) => {
  //如果访问根路径或访问登录页面均放行
  if(to.path == '/' || to.path == '/login'){
```

```
      next()
  }else{
    //获取登录凭证 Flag,如果为 true 就放行,否则返回登录页面
    let Flag = sessionStorage.getItem('Flag')
    if(Flag){
      next()
    }else{
      alert('提示:请不要非法访问!')
      next('/')
    }
  }
})
export default router
```

⑤ 在 main.js 文件中挂载路由,具体如下。

```
import { createApp } from 'vue'
import App from './components/Index.vue'
import router from './components/router'      //引入路由文件
const app = createApp(App)
app.use(router)                              //挂载路由
app.mount('#app')
```

13.10　路由元信息

路由元信息(route meta information)是在路由配置中为每个路由定义的一组自定义
数据,简单理解,meta 就是路由对象的一个属性,可以通过该属性给路
由对象添加一些必要的属性值,在使用路由对象时可以获取到这个属
性,从而进行其他的逻辑判断。比如通过 meta 对象传递权限、页面标
题、布局设置等信息。Vue Router 允许在路由配置中定义元信息,然后
在组件中访问这些信息。

路由元信息

在 Vue Router 的路由中,可以通过 meta 字段来定义路由的元信息,示例代码如下。

```
{
  path:'/',
  component:() => import('@/views/Login.vue'),
  meta:{
    title:"登录页",
    requiresAuth: true,
  }
}
```

在全局前置守卫中获取路由元信息,示例代码如下。

```
router.beforeEach((to, from, next) => {
  console.log(to.meta.title);
```

```
        console.log(to.meta.requiresAuth);
});
```

在组件中获取路由元信息,示例代码如下。

```
<template>
    <p>路由元信息 title 的值:{{route.meta.title}}</p>
    <p>路由元信息 requiresAuth 值:{{route.meta.requiresAuth}}</p>
</template>
<script setup>
    import {useRoute} from 'vue-router';
    //useRoute() 函数用于获取当前路由信息,如获取路由名称、路由参数、路由路径、路由元信息
    //等路由信息
    const route = useRoute()
</script>
```

练 习 题

一、单选题

1. 关于 Vue Router 说法错误的是(　　)。
   A. Vue Router 是一个插件
   B. 利用 Vue Router 能够轻松管理组件的切换
   C. Vue Router 3.x 可以在 Vue 3.x 中使用
   D. Vue Router 常用的模式有 hash 和 history

2. 关于路由模式说法错误的是(　　)。
   A. vue-router 有两种模式,即 history 和 hash 模式
   B. hash 模式是通过 onchange 事件监听 URL 的修改
   C. history 通过 HTML 5 提供的 API history.pushState 和 histort.pushState 实现跳转且不刷新页面
   D. history 模式需要后端进行配合

3. 关于 Vue Router 版本的说法不正确的是(　　)。
   A. Vue Router 的版本有 3.x 和 4.x
   B. Vue Router 3.x 只能在 Vue 2.x 中使用
   C. Vue Router 4.x 只能在 Vue 3.x 中使用
   D. Vue Router 3.x 和 Vue Router 4.x 都可以在 Vue 3.x 中使用

4. 以下四个选项中,可以用来创建路由链接的是(　　)。
   A. <router-link to="">< /router-link>
   B. <a href="">< /a>
   C. <router link to="">< /router link>
   D. <router-link href="">< /router-link>

5. 关于 router-view 说法不正确的是(　　)。

A. router-view 是一个动态组件

B. router-view 的作用是显示当前路由级别下一级的页面

C. <router-view>可以嵌套使用,以支持嵌套路由的场景

D. 每个组件只能嵌套一个 router-view

6. 关于路由懒加载说法不正确的是(　　)。

A. 路由懒加载是一种新的路由技术

B. 路由懒加载是一种优化技术

C. 路由懒加载能够实现用户访问相应的路由时才进行加载

D. 路由懒加载有助于减少初始加载的文件体积,提升应用程序的初始加载速度

7. (　　)是指在父路由下新增一层或多层子路由,以实现对子组件的管理和控制。

A. 嵌套路由　　　　　B. 动态路由　　　　　C. 命名路由　　　　　D. 命名视图

8. 下列四个选项中,属于动态路由的是(　　)。

A. {path:'/news',component:News}

B. {path:'/news/id',component:News}

C. {path:'/news/:id',component:News}

D. {path:'/news/(:id)',component:News}

9. 下列四个选项中,不能跳转到 news 路由的是(　　)。

A. router.push('/news')　　　　　　　　B. router.push({path:'/news'})

C. router.push({name:'news'})　　　　　D. router.push('news')

10. 下列四个选项中,不属于导航守卫参数的是(　　)。

A. to　　　　　　　B. from　　　　　　C. next　　　　　　D. go

11. 下列四个选项中,不属于全局守卫钩子的是(　　)。

A. beforeEach　　　　　　　　　　B. beforeResolve

C. afterEach　　　　　　　　　　　D. beforeRouterEnter

二、实操题

1. 使用路由及相关知识制作个人简历。具体的页面包括个人基本信息、求职信、项目经历、社会实践、获奖证书、专业课程、联系方式。

2. 以小组(3 人)为单位,利用路由及相关知识设计制作一个通信录管理小系统,具体的要求如下。

(1) 通讯录的数据存储于数组 contactsArr 中。

(2) 通讯录的信息项包括联系人姓名、性别、手机、微信、电子邮箱、通讯地址。

(3) 具有添加联系人的功能。

(4) 具有修改联系人的功能。

(5) 具有删除联系人的功能。

模块 14　状态管理

- 了解什么是状态管理。
- 熟悉 pinia 的发展历程及特点。
- 理解 pinia 的核心概念。
- 掌握 pinia 的应用。
- 掌握 localStorage 的应用。
- 掌握 pinia 持久化插件的应用。

能力目标

- 能够简述 pinia 的发展历程及特点。
- 能够根据需求使用 pinia 管理共享数据。

素质目标

- 培养学生严谨的工作态度。
- 培养学生的自主探索精神和团队精神。
- 培养学生积极向上的品质。

知识导图

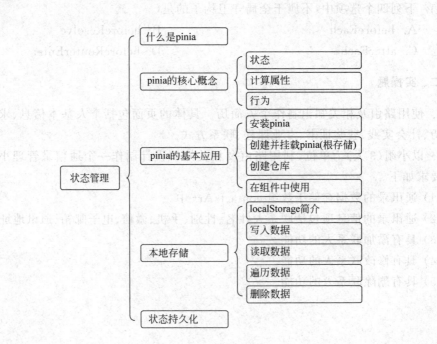

14.1   什么是 pinia

Vue 提供了一系列数据通信的方法,能够实现组件之间的数据传递,但是在业务较复杂的大型项目中,这些方法的效率并不高,并且在多层嵌套的组件中传递数据容易出错。因此,Vue 官方开发了一个专门用于管理共享数据的插件 Vuex,当前最新版本是 Vuex 4.x。pinia 最初是为了探索 Vuex 4.x 的下一次迭代会是什么样的,结合了 Vuex 5 核心团队讨论中的许多想法,于 2019 年 11 月左右重新设计使用 Composition API,最终该团队意识到 pinia 已经实现 Vuex 5 中大部分内容,并决定用 pinia 取代 Vuex。pinia 的 Logo 如图 14-1 所示。因此,可以把 pinia 理解为 Vuex 5。通过 pinia 能够高效地管理需要共享的数据。图 14-2 所示为无 pinia 和有 pinia 在数据传递上的示意图。

什么是 pinia

图 14-1   pinia Logo

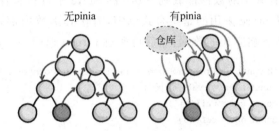

图 14-2   数据传递示意图

因此,pinia 是一个符合直觉的 Vue 状态管理库,通过 pinia 能够实现跨组件/页面共享状态。那什么是状态呢? 简单地说就是数据,即需要共享的数据。pinina 具有以下特点。

(1) 所见即所得。通过 pinia 创建的仓库(store)与组件类似,其 API 的设计旨在让你编写出更易组织的仓库。

(2) 类型安全。类型可自动推断,即使在 JavaScript 中也可提供自动补全功能。

(3) 开发工具支持。不管是 Vue 2 还是 Vue 3,支持 Vue Devtools 钩子的 pinia 能给你更好的开发体验。

(4) 可扩展性。可通过事务、同步本地存储等方式扩展 pinia,以响应仓库的变更。

(5) 模块化设计。可构建多个仓库并允许你的打包工具自动拆分它们。

(6) 极致轻量化。pinia 大小只有 1KB 左右,你甚至可能忘记它的存在。

14.2   pinia 的核心概念

1. Store

在 pinia 中,需要使用 defineStore()函数来定义 Store,其语法格式   pinia 的核心概念
如下。

149

```
import {
    defineStore } from 'pinia'     //导入函数 defineStore()
    export const useAlertsStore = defineStore('alerts', {
    …//其他配置
})
```

上述代码中,常量 useAlertsStore 用于存储 defineStore()函数的返回值(常量名建议按照 user×××Store 形式,如 useUserStore、useCartStore、useProductStore)。defineStore()函数的第一个参数是 alerts,它是 Store 的唯一 ID 标识;第二个参数可接收两类值:Setup()函数或 Option 对象。其中在 Setup()函数中可以传入一个函数,在该函数中可以定义响应式属性和方法,并且返回一个带有我们想暴露出去的属性和方法的对象。

2. State

State 是 Store 的核心部分,主要用来存储需共享的数据。State 提供唯一的公共数据源,所有共享的数据都放到 Store 的 State 中进行存储,Vue 组件可以直接访问其中的值。如果 Store 采用的是组合式 API,需在其函数内部定义共享的数据,如使用 ref()函数定义具有响应式的数据,然后再通过 return 返回。示例代码如下。

```
export const useCounterStore = defineStore('counter', () => {
    const name = ref('张扬')
    const sex = ref('男')
    const age = ref(18)
    return {name,sex,age}
})
```

上述代码中,name、sex 和 age 为响应式数据,它们是 State 的具体数据。

3. Getter

Getter 是基于 state 派生的共享数据,可以理解为计算属性。只有依赖的数据发生改变时才会重新进行计算。如果 store 采用的是组合式 API 时,通过 computed()函数计算得到新的数据,然后再通过 return 返回数据。示例代码如下。

```
export const useCounterStore = defineStore('counter', () => {
    const count = ref(2)
    const doubleCount = computed(() => count.value * 2)
})
```

上述代码中,Getter 的数据 doubleCount 是基于 count 计算得到的,其中使用了计算属性 computed()函数。

4. Action

Action 相当于组件中的方法,主要用于定义和处理复杂的业务逻辑,包括异步操作、同步操作以及任何需要多个步骤的操作。如果 store 采用的是组合式 API,需要把业务逻辑封装在方法函数里,然后再通过 return 返回。示例代码如下。

```
export const useCounterStore = defineStore('counter', () => {
    const count = ref(0)
    function increment() {
        count.value++
    }
    return {count, increment}
})
```

上述代码中，increment()函数即为 Store 中的 Action，该函数实现了 count 的自增功能。

通过以上几个核心概念的介绍，不难得出以下的结论：在组合式 API 中，ref()函数就是 pinia 的 state 属性，computed()函数就是 pinia 的 Getter 属性，function()就是 pinia 的 Action 属性。

14.3　pinia 的基本应用

以下通过对学生信息的存储与修改，介绍 pinia 的基本应用，具体步骤如下。

1. 安装 pinia

在终端使用以下命令即可安装 pinia。

npm install pinia

pinia 的基本应用

安装完成后，在 package.json 文件中即可看到 pinia 的版本信息。

2. 创建并挂载 pinia（根存储）

在 main.js 中创建并挂载 pinia 实例，具体的代码如下。

```
import {createPinia} from 'pinia'      //引入函数 createPinia()
const pinia = createPinia()            //创建 pinia 实例
app.use(pinia)                         //挂载 pinia 实例
```

3. 创建仓库

在项目中的 src 目录下创建 store 目录，并在 store 目录下创建 studentStore.js 文件，具体代码如下。

```
import {defineStore} from 'pinia'
import {computed,ref}from 'vue'
export const useStudentStore = defineStore('main',() =>{
  //定义状态中的共享数据
  const stu_name = ref('张三')
  const stu_number = ref('20230102')
  const stu_sex = ref('男')
```

```
const stu_age = ref(20)
const stu_major = ref('计算机网络技术专业')
const stu_class = ref('23 网络 2 班')
//定义计算属性(通过 computed()函数得到新数据,再对其进行应用)
const checkAge = computed(() => {
  return stu_age.value >= 18?'已成年':'未成年'
})
//定义行为(通过声明函数得到新数据,再对其进行应用)
const changeInfo = () => {
  stu_name.value = '李四'
  stu_age.value = 17
}
return{
  stu_name,stu_number,stu_sex,stu_age,stu_major,stu_class,checkAge,changeInfo
}
})
```

上述代码中,使用 defineStore()函数创建 store 实例对象 useStudentStore。在该对象中,State 共享数据有 stu_name、stu_number、stu_sex、stu_age、stu_major、stu_class,Getter 共享数据有 checkAge,Action 共享数据有 changeInfo。

4. 在组件中使用

创建组件 stuInfo.vue,具体的代码如下。

```
<template>
  姓名:{{stu_name}}<br>
  学号:{{stu_number}}<br>
  性别:{{stu_sex}}<br>
  年龄:{{stu_age}}({{checkAge}})<br>
  专业:{{stu_major}}<br>
  班级:{{stu_class}}<br>
  <hr>
  <button @click="changeInfo">修改信息</button>
</template>
<script setup>
  import {useStudentStore} from '../store/studentStore.js'
  import {storeToRefs} from 'pinia'
  import {computed} from 'vue'
  //从组件中获取状态
  const stu_store = useStudentStore()
  //方法 1:通过 computed() 将仓库中的状态映射成当前组件中的计算属性,具有响应性,不过
  //是只读的
  // const stu_name = computed(() => stu_store.stu_name)
  //方法 2:使用 storeToRefs 将仓库中的状态解构为组件的数据,具有响应性,还可以响应式修改
  const {stu_name,stu_number,stu_sex,stu_age,stu_major,stu_class,checkAge} =
  storeToRefs(stu_store)
  //在 setup 中可以直接使用行为中的函数,pinia 会自动推断
```

```
        const changeInfo = stu_store.changeInfo
</script>
```

运行 stuInfo.vue 组件的效果如图 14-3 所示。

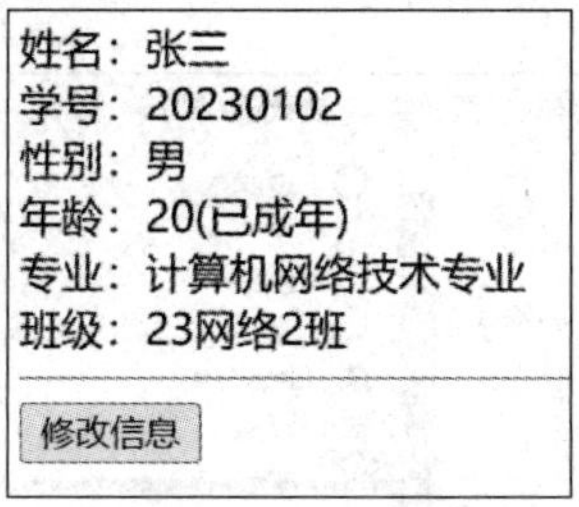

```
姓名: 张三
学号: 20230102
性别: 男
年龄: 20(已成年)
专业: 计算机网络技术专业
班级: 23网络2班

修改信息
```

图 14-3　学生的基本信息

14.4　本 地 存 储

1. localStorage 简介

使用 pinia 存储的数据在刷新网页时会丢失,这时就需要使用本地存储 localStorage
了。localStorage 是 HTML 5 新增一个特性,这个特性主要作为本地存
储来使用,解决了 cookie 存储空间不足的问题。一般浏览器中,支持
localStorage 的大小是 5MB,不同浏览器的 localStorage 会有所不同。

本地存储

localStorage 的数据是存储在硬盘中的,关闭浏览器后数据仍然在
硬盘上,再次打开浏览器仍然可以获取 localStorage 存储的数据。在使用 localStorage
时,需要注意以下几点。

(1) IE 浏览器只有 8.0 版本及以上才支持本地存储。

(2) 不同浏览器保存的数据量会有所区别。

(3) localStorage 存储的值类型为 string。

(4) localStorage 在浏览器的隐私模式下是不可读的。

(5) localStorage 不能被网络爬虫抓取到。

(6) 如果清理浏览器的缓存,localStorage 保存的数据将会丢失。

2. 写入数据

写入数据有三种方法,示例代码如下。

```
< script type = "text/javascript">
    const mystorage = window. localStorage;
        //写入方法 1
        mystorage[ 'name'] = '张三'
        //写入方法 2
        mystorage.sex = '男'
```

```
        //写入方法 3(推荐)
        mystorage.setItem('age',18)
</script>
```

运行上述代码的结果如图 14-4 所示。

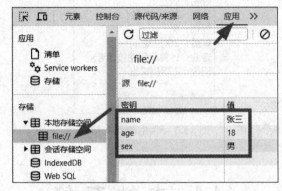

图 14-4 写入数据

3. 读取数据

对应着写入数据的三种方法,读取数据也有三种方法,示例代码如下。

```
< script type = "text/javascript">
    const mystorage = window.localStorage;
    mystorage['name'] = '张三'
    mystorage.sex = '男'
    mystorage.setItem('age',18)
    //读取 localStorage
    let name = mystorage['name']            //方法 1
    let sex = mystorage.getItem('sex')      //方法 2(推荐)
    let age = Number(mystorage.age)         //方法 3
    console.log(name,sex,age)
</script>
```

运行上述代码的结果如图 14-5 所示。

图 14-5 读取数据

4. 遍历数据

在 Web 项目中,有时需要遍历 localStorage 数据,此时可以使用 for 循环来实现,示例代码如下。

```
< script type = "text/javascript">
```

```
    let mystorage = window.localStorage;
    mystorage['name'] = '张三'
    mystorage.sex = '男'
    mystorage.setItem('age',18)
    //遍历 localStorage
    for(let i = 0;i < mystorage.length;i++){
        let keyname = mystorage.key(i)
        let keyvalue = mystorage.getItem(keyname)
        console.log(keyvalue)
    }
</script>
```

运行上述代码的结果如图 14-6 所示。

图 14-6　遍历 localStorage 数据

5. 删除数据

删除数据有三种方法,示例代码如下。

```
< script type = "text/javascript">
    let mystorage = window.localStorage;
    mystorage['name'] = '张三'
    mystorage.sex = '男'
    mystorage.setItem('age',18)
    mystorage.setItem('major','计算机网络技术')
    //删除 localStorage 数据
    localStorage.removeItem('sex')          //方法 1
    delete localStorage['age']              //方法 2
    delete localStorage.major               //方法 3
</script>
```

运行上述代码的结果如图 14-7 所示。

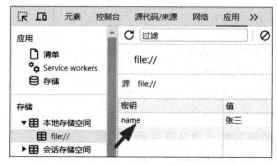

图 14-7　删除数据

155

14.5 状态持久化

在实际的项目中,有时我们需要将一些状态进行持久化处理,避免刷新浏览器的时候出现数据丢失。要实现状态的持久化,可使用以下两种方法。

方法 1:手动将需要持久化存储的数据添加到 localStorage 或 sessionStore 中,在定义状态的时候,默认从这两个仓库中取出来。这种方法通常用于对于小部分数据进行持久化处理。

状态持久化

方法 2:使用插件 pinia-plugin-persistedstate 实现状态持久化。这种方法适用于对大量数据进行持久化。具体的使用方法如下。

(1)安装插件。在终端使用以下命令安装持久化插件。

```
npm install pinia - plugin - persistedstate
```

(2)将插件添加到 pinia 实例中。在 main.js 文件中把插件添加到 pinia 实例中,具体代码如下。

```
//引入持久化插件
import piniaPluginPersistedstate from 'pinia - plugin - persistedstate'
//将插件提供给 pinia 实例
pinia.use(piniaPluginPersistedstate)
```

(3)在仓库中应用。例如,持久化保持 stuStore 状态的代码如下。

```
export const useStuStore = defineStore(
    "stuStore",
    () => >{},
    {persist: true,}   //启用状态持久化
)
```

练 习 题

一、单选题

1. 关于 pinia 的说法不正确的是(　　)。
    A. pinia 是 Vue 状态管理库
    B. 通过 pinia 能够实现跨组件共享状态
    C. pinia 是一种数据库软件
    D. 通过 pinia 能够轻松管理共享数据
2. 以下不属于 pinia 的特点的是(　　)。
    A. 所见即所得　　　B. 可扩展性　　　C. 模块化设计　　　D. 跨平台

3. 在组合式 API 中,关于状态的说法错误的是( )。

    A. 状态主要用来存储共享数据

    B. 状态提供唯一的公共数据源

    C. Vue 组件不能直接访问状态的值

    D. 共享数据需要在状态的函数中定义

4. 用于创建 pinia 实例的函数是( )。

    A. pinia( )   B. createPinia( )   C. defineStore( )   D. makePinia( )

5. 关于 defineStore 函数说法错误的是( )。

    A. defineStore 返回一个函数,一般约定将返回值命名为 use...Store

    B. defineStore 函数的第一个参数是一个字符串类型的标识,该标识不是唯一的

    C. defineStore 函数的第二个参数既可以是一个函数,也可以是一个对象

    D. defineStore 函数用于创建仓库实例对象

6. 在组合式 API 中,计算属性可以通过( )函数的计算得到新数据。

    A. ref( )   B. reactive( )   C. computed( )   D. createPinia( )

7. 关于 localStorage 说法错误的是( )。

    A. 长期保存,直到用户主动删除   B. 关闭浏览器即消失

    C. 存储值类型是字符串形式   D. 数据存储在硬盘中

8. 以下四个选项中,不能实现状态持久化的是( )。

    A. 将需要持久化存储的数据添加到 localStorage 中

    B. 将需要持久化存储的数据添加到 sessionStore 中

    C. 使用插件 pinia-plugin-persistedstate 实现状态持久化

    D. 将需要持久化存储的数据存储在变量中

二、实操题

1. 使用 pinia 及相关知识实现自增和自减 count 的值,具体的业务逻辑如下。

(1) count 初始化的值为 20。

(2) 同步输出 count 2 倍的值。

(3) 单击"自增"按钮时,count 的值加 1,同时 count 的 2 倍的值也同步更新;单击"自减"按钮时,count 的值减 1,同时 count 的 2 倍的值也同步更新,如图 14-8 所示。

2. 在具有购物功能的网站中,购物车是一个非常重要的功能。请使用 pinia 及相关知识制作一个购物车,参考效果如图 14-9 所示。购物车的具体业务逻辑如下。

count的值是: 20
count的两倍是: 40

自增 自减

图 14-8 自增及自减 count 值

(1) 商品数量操作及计算商品小计。在商品数量操作区域,单击"+"按钮,商品数量加 1;单击"-"按钮,商品数量减 1。也可以直接在文本域修改商品数量。当商品的数量发生变化时,商品的小计和总价将会实时发生变化。

(2) 计算商品总件数和总价。

(3) 删除购物车商品。

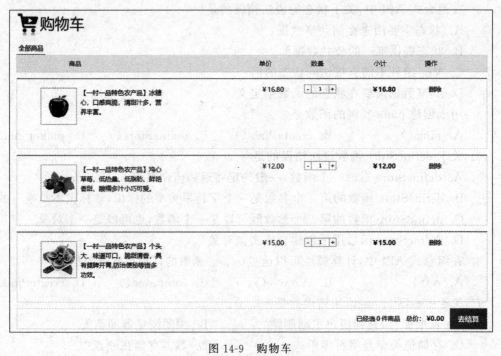

图 14-9　购物车

模块 15　网 络 请 求

知识导图

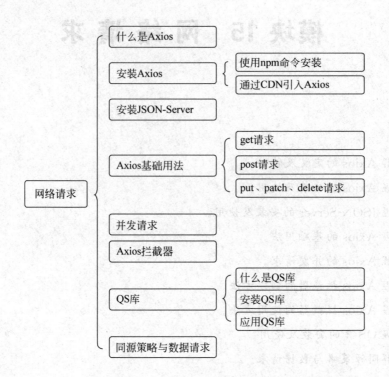

15.1 什么是 Axios

Axios 是一个基于 Promise(异步编程的解决方案)的网络请求库,它可以运行在浏览器和 node.js 中,它在服务端使用原生 node.js http 模块,而在客户端(浏览端)则使用 XMLHttpRequest。

Axios 具有以下特性。

(1) 从浏览器创建 XMLHttpRequests。

(2) 从 node.js 创建 HTTP 请求。

(3) 支持 Promise API。

(4) 拦截请求和响应。

(5) 转换请求和响应数据。

(6) 取消请求。

(7) 超时处理。

(8) 查询参数序列化并支持嵌套项处理。

(9) 自动将请求体序列化为 JSON(application/JSON)、Multipart/FormData(multipart/form-data)、URLencoded Form(application/x-www-form-urlencoded)。

(10) 将 HTML Form 转换成 JSON 进行请求。

什么是 Axios

（11）自动转换 JSON 数据。

（12）获取浏览器和 node.js 的请求进度，并提供额外的信息（速度、剩余时间）。

（13）为 node.js 设置带宽限制。

（14）兼容符合规范的 FormData 和 Blob（包括 node.js）。

（15）客户端支持防御 XSRF。

15.2　安装 Axios

安装 Axios 的方法有以下两种。

1. 使用 npm 命令安装

当采用构建的方式创建 Vue 应用时，可以在终端直接使用以下命令进行安装。

安装 Axios

```
npm install axios
```

安装完成后，在 package.json 中将会看到 Axios 的版本信息，如图 15-1 所示。

```
1   {
2     "name": "router",
3     "version": "0.0.0",
4     "private": true,
5     "type": "module",
      ▷ 调试
6     "scripts": {
7       "dev": "vite",
8       "build": "vite build",
9       "preview": "vite preview"
10    },
11    "dependencies": {
12      "axios": "^1.6.8",
13      "pinia": "^2.1.7",
14      "qs": "^6.12.0",
15      "vue": "^3.4.21",
16      "vue-router": "^4.3.0"
17    },
18    "devDependencies": {
19      "@vitejs/plugin-vue": "^5.0.4",
20      "vite": "^5.1.6"
21    }
22  }
```

图 15-1　Axios 的版本信息

2. 通过 CDN 引入 Axios

这种方法直接通过 Axios 的镜像地址引入即可。

unpkg CDN 的地址如下。

```
< script src = "https://unpkg.com/axios/dist/axios.min.js"></script >
```

jsDelivr CDN 的镜像地址如下。

```
<script src = "https://cdn.jsdelivr.net/npm/axios/dist/axios.min.js"></script>
```

15.3　安装 JSON-Server

JSON-Server 是一款小巧的接口模拟工具,使用它能够快速搭建一套 Restful 风格的 API,尤其适合前端接口测试使用。在使用时,只需创建一个 JSON 文件作为 API 的数据源即可,使用起来非常方便。

JSON-Server 的基本使用步骤如下。

（1）安装 JSON-Server。在终端使用以下命令安装 JSON-Server。　安装 JSON-Server

```
npm install - g json - server
```

（2）创建一个 JSON 文件。为了方便后续测试,在 str 目录下创建 data 目录,然后在 data 目录中创建一个 JSON 文件 data.json,该文件的具体代码如下。

```
{
    "students": [
        {"id": "1","name": "张扬","sex": "男"},
        { "id": "2","name": "李丽","sex": "女"},
        {"id": "3","name": "林锋","sex": "男"}
    ]
}
```

（3）启动 JSON-Server 服务。在终端使用以下命令启动 JSON-Server。

```
json - server ./src/data/data.json
```

JSON-Server 启动后如图 15-2 所示,此时按住 Ctrl 键单击 http://localhost:3000/students,将会在浏览器打开模拟的接口页面,该页面输出了 data.json 的数据,如图 15-3 所示。

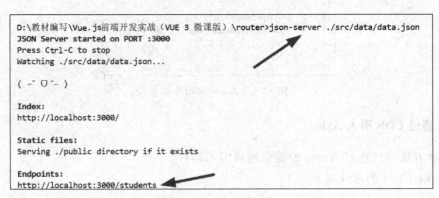

图 15-2　启动 JSON-Server

```
←  →  C  ⌂    ① http://localhost:3000/students
[
    {
        "id": "1",
        "name": "张扬",
        "sex": "男"
    },
    {
        "id": "2",
        "name": "李丽",
        "sex": "女"
    },
    {
        "id": "3",
        "name": "林锋",
        "sex": "男"
    },
    {
        "id": "ce5d"
    }
]
```

图 15-3　接口页面

15.4　Axios 基础用法

　　Axios 提供了一系列网络请求函数，常见的函数有 get()、post()、put()、patch() 和 delete()，其中，get() 函数通常用于获取数据；post() 函数通常用于提交数据；put() 函数通常用于更新数据（将所有数据推送到服务器）；patch() 函数通常用于更新数据（将修改的数据推送到后服务端）；delete() 函数通常用于删除数据。以下简要介绍这些函数的使用方法。

1. get 请求

　　(1) 通过请求别名来创建 get 请求。请求别名的方式是一种简化请求方法配置的 API，语法格式如下。

get 请求

```
axios.get(url[, config])
```

【案例 15-1】　不带参数的 get 请求。

```
< script setup >
    import axios from 'axios';
    axios.get("http://localhost:3000/students")
    .then((result) = >{
        //result 不直接返回结果
        console.log(result)
        //result.data 是真正返回的结果
        console.log(result.data)
    })
    .catch((err) = >{
        console.log(err)
```

```
    })
</script>
```

运行上述代码的结果如图 15-4 所示。

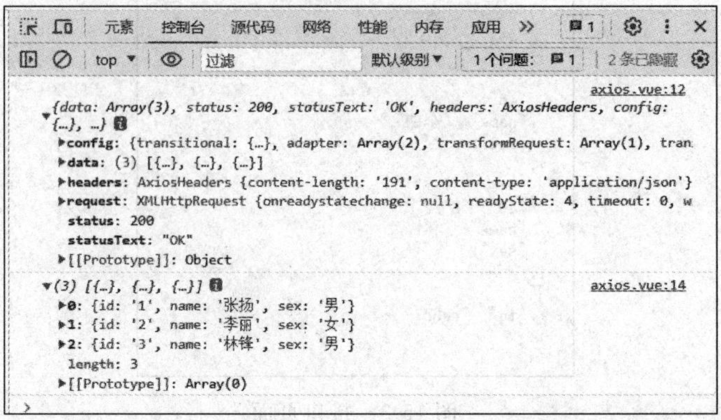

图 15-4　通过请求别名来创建 get 请求

【案例 15-2】 带参数的 get 请求。

写法 1：

```
<script setup>
  import axios from 'axios';
  axios.get("http://localhost:3000/students?id = 2")
    .then((result) =>{
        console.log(result.data)
    })
    .catch((err) =>{
        console.log(err)
    })
</script>
```

写法 2：

```
<script setup>
  import axios from 'axios';
  axios.get("http://localhost:3000/students",{params:{id:2}})
    .then((result) =>{
        console.log(result.data)
    })
    .catch((err) =>{
        console.log(err)
    })
</script>
```

运行上述代码的结果如图 15-5 所示。

(2) 通过向 Axios 传递相关配置来创建 get 请求。有时我们可能需要对 Axios 的配置参数进行更加详细的设置，此时通过向 Axios 传递相关配置来创建请求就显得更方便。

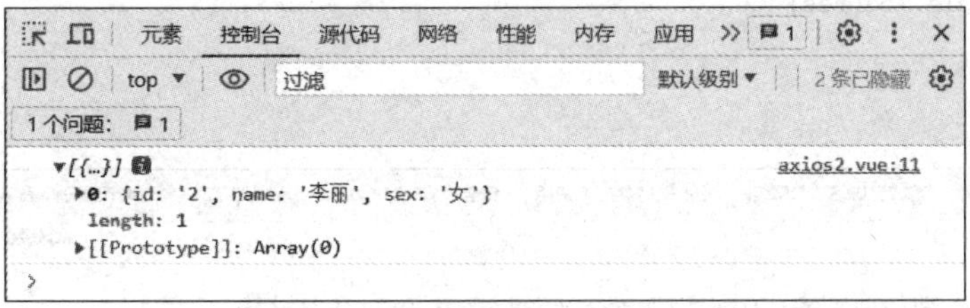

图 15-5　带参数的 get 请求结果

【**案例 15-3**】　通过向 Axios 传递配置参数创建 get 请求。

```
<script setup>
  import axios from 'axios';
  axios({
      method:"get",                                //设置请求的方法为get
      url:"http://localhost:3000/students",        //设置请求地址
      params:{                                     //设置请求参数
        id:2,
      }
  }).then((result) =>{
    console.log(result.data)
  }).catch((err) =>{
    console.log(err)
  })
</script>
```

运行上述代码,得到的结果与图 15-4 是一样的。

2. post 请求

(1) post 请求常用的数据请求格式。

① Content-Type:application/x-www-form-urlencoded。这种格式是 AJAX 默认的数据格式。请求体中的数据会以 JSON 字符串的形式发送到后端。

② Content-Type:application/json;charset＝utf-8。这种格式是 Axios 默认的数据格式。请求体中的数据会以普通表单形式(键值对)发送到后端。

③ Content-Type:multipart/form-data。这种格式会将请求体的数据处理为一条消息,以标签为单元,用分隔符分开,既可以上传键值对,也可以上传文件。

(2) 通过请求别名来创建 post 请求。

```
axios.post(url[, data[, config]])
```

【**案例 15-4**】　不带参数的 post 请求,如图 15-6 所示。

```
<script setup>
    import axios from 'axios';
    axios.post("http://localhost:3000/students").then(res =>{
```

post 请求

```
        console.log(res)
    })
</script>
```

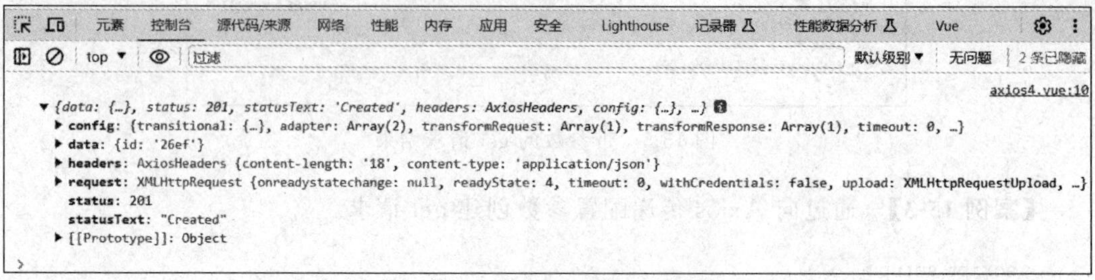

图 15-6　不带参数的 post 请求

【案例 15-5】 带参数的 post 请求。

查询字符串形式的写法如下。

```
< script setup >
    import axios from 'axios';
    //发送 post 请求时携带参数,直接使用"user = test&pwd = 123"
    axios.post(http://localhost:3000/students, "user = test&pwd = 123")
        .then((res) = >{console.log(res)})
        .catch(() = >{console.log(err)})
</script>
```

对象形式的写法如下。

```
< script setup >
    import axios from 'axios';
    //发送 post 请求时携带参数,直接使用"user = abc&pwd = 123"
    axios.post(http://localhost:3000/students, {user: "abc",pwd: "123"})
        .then((res) = >{console.log(res)})
        .catch(() = >{console.log(err)})
</script>
```

(3) 通过向 Axios 传递相关配置来创建 post 请求。

【案例 15-6】 通过向 Axios 传递配置参数创建 post 请求。

```
< script setup >
    import axios from 'axios';
    axios({
        method:"post",                              //设置请求的方法为 post
        url:"http://localhost:3000/students",       //设置请求地址
        data:{user: "abc",pwd: "123"}               //data 属性用于携带数据
    })
        .then((res) = >{console.log(res)})
        .catch(() = >{console.log(err)})
</script>
```

3. put、patch 和 delete 请求

put 和 patch 请求与 post 请求用法类似,在此不再赘述。

delete 请求

axios. delete(url[,config])与 axios. get(url[,config])用法基本相似,但是作用不同,它用于删除数据,同 get 请求一样,也可以有几种写法。

（1）通过请求别名来创建 delete 请求。

【案例 15-7】　通过请求别名创建 delete 请求。

写法 1:

```
<script setup>
    import axios from 'axios';
    axios.delete("http://localhost:3000/students?id = 2")
    .then((res) = >{console.log(res)})
    .catch((err) = >{console.log(err)})
</script>
```

写法 2:

```
<script setup>
    import axios from 'axios';
    axios.delete(http://localhost:3000/students,{params:{id:2}})
    .then((res) = >{console.log(res)})
    .catch((err) = >{console.log(err)})
</script>
```

（2）通过向 Axios 传递相关配置来创建 delete 请求。

【案例 15-8】　通过向 Axios 传递配置参数创建 delete 请求。

```
<script setup>
    import axios from 'axios';
    axios({
        method:"delete",              //设置请求的方法为 delete
        url:"http://localhost:3000/students",  //设置请求地址
        data:{ id:2}                  //data 属性用于携带数据
    })
    .then((res) = >{console.log(res)})
    .catch(() = >{console.log(err)})
</script>
```

15.5　并发请求

并发请求就是同时进行多个请求,并统一处理返回值。在 Axios 中,使用 axios. all()方法发起并发请求,其参数为一个数组;使用 axios. spread()函数对返回的结果分别进行

处理，其参数为回调函数，示例代码如下。

```
axios.all([axios.get("/data.json"), axios.get("/city.json")]).then(
    axios.spread((dataRes, cityRes) => {
        console.log(dataRes, cityRes);
    })
);
```

15.6　Axios 拦截器

Axios 提供了一种称为拦截器（interceptors）的功能，能够实现在请求或响应被发送或处理之前对它们进行全局处理。Axios 拦截器分为请求拦截器和响应拦截器两种类型。

（1）请求拦截器。请求拦截器会在每个请求被发送之前执行，可以用来对请求配置进行修改，或者添加一些额外的逻辑。一般用来处理以下情况。

Axios 拦截器

- 添加请求头信息，如身份验证信息、token 等。
- 在请求发送前展示加载动画或提示用户。
- 对请求参数进行转换或格式化。
- 在请求失败时进行重试等。

请求拦截器使用 axios.interceptors.request.use()函数来注册。该函数用两个函数作为参数，第一个函数用于成功拦截请求，第二个函数用于拦截请求发生错误的情况。语法格式如下。

```
axios.interceptors.request.use(
    (config) =>{
        //在发送请求之前做些什么
        return config
    },
    (error) =>{
        //请求发生错误时做些什么
        return Promise.reject(error)
    }
)
```

（2）响应拦截器。响应拦截器会在每个响应被接收之后执行，可以用来对响应数据进行处理，或者添加一些额外的逻辑。常用的操作如下。

- 对响应数据进行格式化或转换。
- 根据响应状态码进行全局错误处理。
- 在接收到响应后隐藏加载动画或处理其他通用逻辑。

响应拦截器使用 axios.interceptors.response.use()函数来注册。该函数也用两个函数作为参数，第一个函数用于成功拦截响应，第二个函数用于拦截响应发生错误的情况。语法格式如下。

```
axios.interceptors.response.use(
    (response) =>{
        //对响应数据做些什么
        return response
    },
    (error) =>{
        //对响应错误时做些什么
        return Promise.reject(error)
    }
)
```

以下通过一个实际案例来演示 Axios 拦截器的用法。在这个案例中,我们将使用 Axios 发起一个 get 请求,再在请求拦截器中添加一个基本的认证头,并在响应拦截器中处理返回的数据。

为了便于测试,所以案例使用 Apifox 提供的开放 API 来测试,测试的 API 路径为 https://echo.apifox.com/get?q1=v1。

案例具体代码如下。

```
<script setup>
    //导入 Axios
    import axios from 'axios'
    //添加请求拦截器
    axios.interceptors.request.use(
        function (config) {
            //在发送请求之前添加认证头
            config.headers['Authorization'] = 'yes';
            return config;
        },
        function (error) {
            return Promise.reject(error);
        }
    );
    //添加响应拦截器
    axios.interceptors.response.use(
        function (response) {
            //对响应数据进行处理
            return response.data;
        },
        function (error) {
            //对响应错误进行处理
            return Promise.reject(error);
        }
    );
    //发起 get 请求
    axios.get('https://echo.apifox.com/get?q1 = v1')
      .then((data) => {
```

```
        //处理返回的数据
        console.log('请求成功,数据为:', data);
    })
    .catch((error) => {
        //处理错误
        console.error('请求失败,错误为:', error);
    });
</script>
```

在上述案例中,在请求拦截器中添加了一个名为 Authorization 的认证头,并在响应拦截器中处理了返回的数据,如图 15-7 所示。

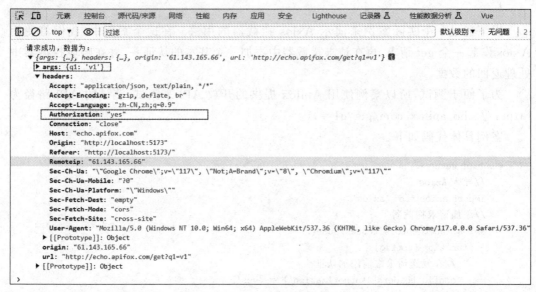

图 15-7　Axios 拦截器请求处理

15.7　QS 库

1. 什么是 QS 库

QS 是一个用于序列化和反序列化查询字符串的 JavaScript 库,它可以将 JavaScript 对象转换为查询字符串,或将查询字符串转换为 JavaScript 对象。QS 库是一个轻量级的库,可以用于浏览器和 Node.js 环境。

QS 库

2. 安装 QS 库

在 Vue 3 中使用以下命令即可安装 QS 库。

```
npm install qs
```

成功安装 QS 库后,在 package.json 中将会看到 QS 库的版本信息。

3. 应用 QS 库

在需要使用 QS 库的组件中通过以下命令引入 QS 库。

```
import qs from 'qs'
```

QS 库提供了许多函数来处理请求数据,其中以下两种函数应用得非常多。

(1) qs.stringify(data)。该函数用于将对象序列化为 URL 查询字符串,并以 & 符号标识参数。示例代码如下。

```
const userObj = {name:'xiaoming',password:'123456'}
userObj = qs.stringify(userObj)
console.log(userObj)    //输出的结果为 name = xiaoming&password = 123456
```

(2) qs.parse(data)。该函数用于将 URL 形式的字符串解析成对象。具体代码如下。

```
const userStr = 'name = xiaoming&password = 123456'
userObj = qs.parse(userStr)
console.log(userStr)    //输出的结果为 userObj{ name:'xiaoming', password:'123456'}
```

15.8　同源策略与数据请求

在 Vue 项目开发的过程中,通常需要访问接口以获取数据,此时就会涉及跨域数据请求的问题。该问题的根源在于浏览器的同源策略。

同源策略是一种安全机制,它是浏览器对 JavaScript 实施的一种安全限制。所谓“同源”,是指域名、协议、端口号均相同。同源策略限制了一个页面中的脚本只能与同源页面的脚本进行交互,而不能与不同源页面的脚本进行交互。这是为了防止恶意脚本窃取数据或进行 XSS 攻击等安全问题。

同源策略与
数据请求

同源策略限制的资源包括如下。

(1) Cookie、LocalStorage 和 IndexDB 等存储性资源。

(2) AJAX、WebSocket 等发送 HTTP 请求的函数。

(3) DOM 节点。

(4) 其他通过脚本或插件执行的跨域请求,这些资源只能与同源页面进行交互,不能与不同源的页面进行交互。

示例如下。

```
http://www.abc.com ----> http://www.abc.com:8082    //端口号不同,所以不同源
http://www.abc.com ----> https://www.abc.com         //协议不同,所以不同源
http://www.abc.com ----> http://www.bcd.com          //域名不同,所以不同源
```

练 习 题

一、单选题

1. 关于 Axios 描述错误的是( )。
    A. Axios 是一个基于 Promise 的网络请求库
    B. Axios 可以运行在浏览器和 node.js 中
    C. 在服务端它使用原生 node.js http 模块
    D. 在客户端(浏览器端)使用 XML

2. 关于 Axios 特性描述不正确的是( )。
    A. 拦截请求和响应   B. 支持 Promise API
    C. 自动转换 JSON 数据   D. 只有 A 和 B 描述正确

3. 安装 Axios 的命令是( )。
    A. npm install axios   B. npm axios
    C. run axios   D. install axios

4. 关于 JSON-Server 说法不正确的是( )。
    A. 可以使用 JSON-Server 进行前端接口测试
    B. JSON-Server 是一个数据库管理插件
    C. JSON-Server 是一款接口模拟工具
    D. 使用能够快速搭建一套 Restful 风格的 API

5. Axios 可以自动将响应数据转换为 JSON 格式,这是因为它默认使用了( )。
    A. JSON.parse   B. JSON.stringify   C. JSON.seriapze   D. JSON.decode

6. 在 Axios 中处理请求错误的是( )。
    A. 使用 catch()函数   B. 使用 then()函数
    C. 使用 error()函数   D. 用 finally()函数

7. Axios 中使用的 Promise 基于的标准是( )。
    A. ES5   B. ES6   C. ES7   D. ES8

8. Vue 中引入 Axios 库的代码是( )。
    A. import axios from 'axios'   B. import {Axios} from 'vue'
    C. import axios from 'vue'   D. import {axios} from 'axios'

9. Axios 拦截器的主要目的是( )。
    A. 增加请求的并发性   B. 修改请求的 URL
    C. 处理请求和响应的中间操作   D. 禁止请求的发送

10. 在 QS 库中,能够将对象序列化为 URL 查询字符串的方法是( )。
    A. stringify()   B. parse()   C. toTring()   D. String()

11. 执行 qs.parse(name=xiaoming&password=123123)转换后的数据是( )。
    A. {name:'xiaoming',password:'123123'}

B. '{"name":"xiaoming","password":"123123"}'

C. 'name＝xiaoming＆password＝123123'

D. "name＝xiaoming＆password＝123123"

12. 以下四个选项中属于同源的是(　　　)。

A. http://www.abc.com 与 http://www.abc.com:8082

B. http://www.abc.com 与 https://www.abc.com

C. http://www.abc.com 与 http://www.bcd.com

D. http://www.test.com 与 http://www.test.com:80

二、实操题

使用 Axios 及相关知识实现对用户信息管理的功能,主要包括添加用户信息,输出用户信息,修改用户信息和删除用户信息,参考效果如图 15-8 和图 15-9 所示。

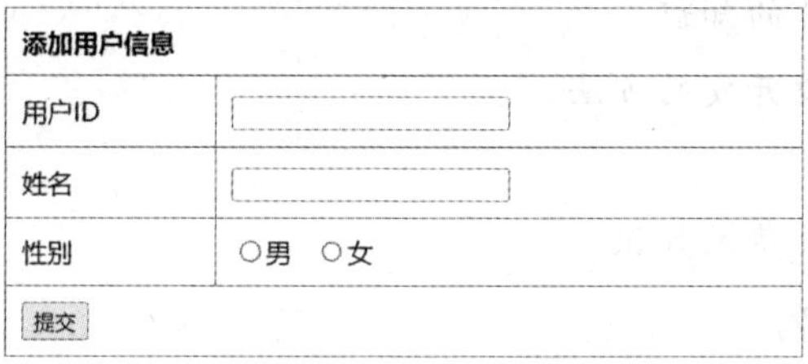

添加用户信息	
用户ID	
姓名	
性别	○男　○女
提交	

图 15-8　添加用户信息页面

用户信息列表			
ID	姓名	性别	操作
1	张扬	男	修改　删除
2	李丽	女	修改　删除
3	林锋	男	修改　删除

图 15-9　用户信息列表页面

模块 16 项目实战

知识目标

- 掌握 Vue 3 基础知识。
- 掌握 Vue 3 组合式 API 编程风格。
- 掌握数据双向绑定知识。
- 掌握创建数据库的知识。
- 掌握服务端接口开发的方法。
- 掌握路由知识。
- 掌握 Axios 网络请求知识。
- 掌握 QS 库知识。
- 掌握 pinia 状态管理知识。

能力目标

- 能够根据需求使用数据双向绑定知识获取与设置表单数据。
- 能够根据需求创建数据库。
- 能够根据需求开发服务器接口。
- 能够根据需求使用路由控制。
- 能够根据需求管理组件跳转。
- 能够根据需求使用 Axios 进行网络请求。
- 能够根据需求使用 pinia 管理共享的数据。

素质目标

- 培养学生的团队精神。
- 培养学生的沟通交流能力。
- 培养学生精益求精的工匠精神。
- 培养学生自主探索的精神。
- 培养学生分析问题及解决问题的能力。
- 培养学生的工程思维和创新意识。

知识导图

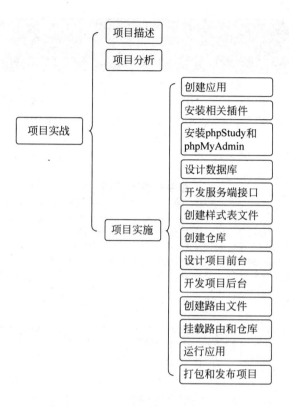

16.1　项 目 描 述

项目效果

本项目将设计开发一个古诗欣赏网站,网站功能结构如图 16-1 所示。

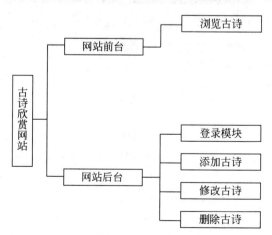

图 16-1　网站功能结构

网站具有前台,前台首页为古诗列表,如图 16-2 所示。单击古诗标题,即可查看古诗内容,如图 16-3 所示。

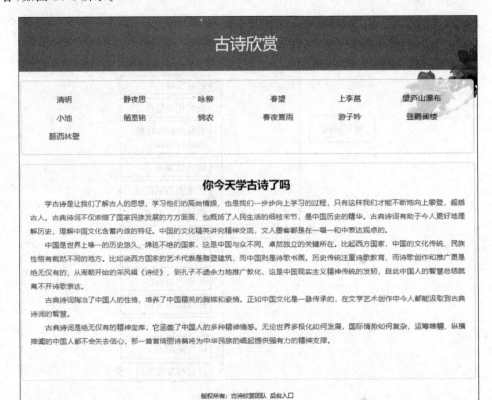

图 16-2　网站前台首页

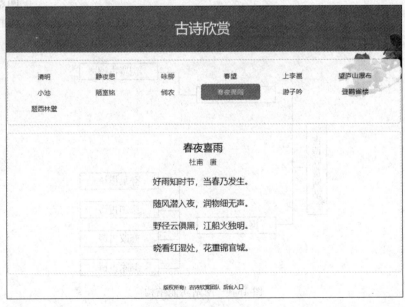

图 16-3　古诗内容页

　　网站具有后台,单击前台首页底部的"后台入口",即可进入登录页面,如图 16-4 所示。输入正确的账号和密码后,单击"提交"按钮,即可进入后台主界面,如图 16-5 所示。单击导航上的"添加古诗"菜单项,即可打开添加古诗页面,如图 16-6 所示。在管理古诗页单击古诗标题右侧的"修改"按钮,即可修改古诗内容,如图 16-7 所示;单击"删除"按钮,可以删除相应的古诗。单击菜单栏中的"退出系统",即可退出后台。

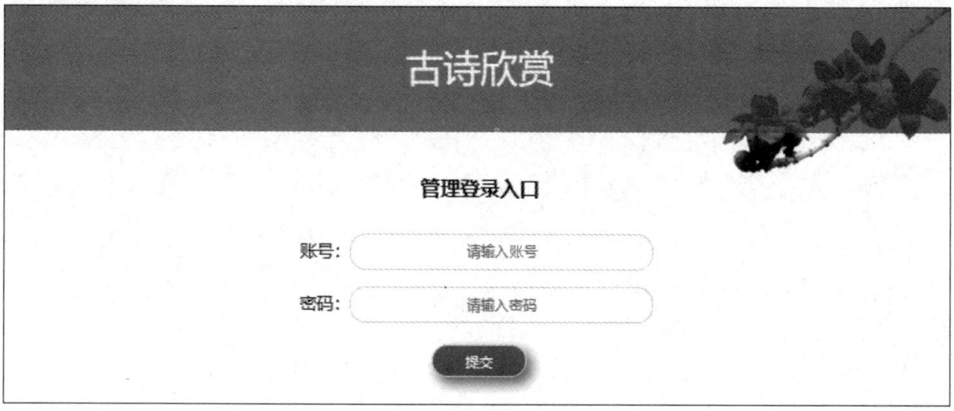

图 16-4　后台登录入口

图 16-5　后台主界面

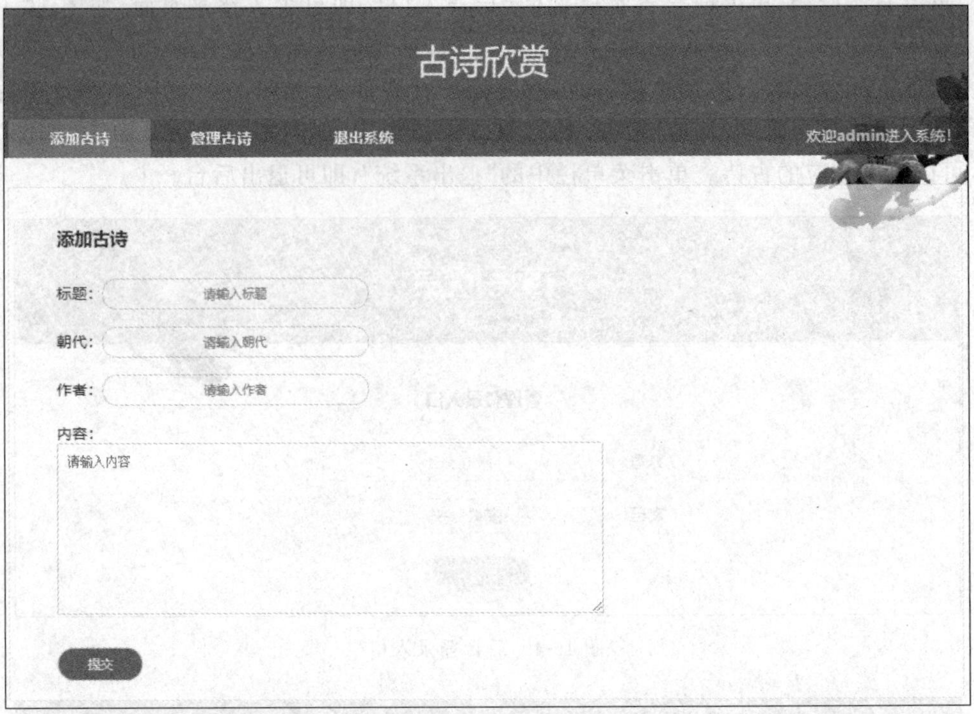

图 16-6　添加古诗页面

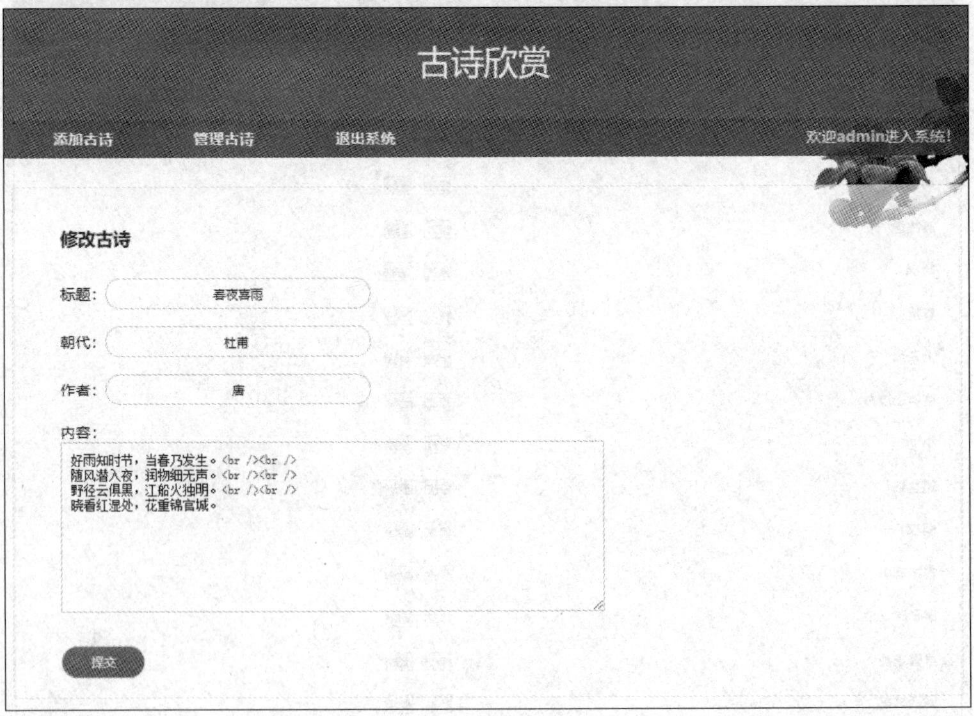

图 16-7　修改古诗页面

16.2　项 目 分 析

根据项目描述及项目效果图,分析项目实现的技术及要点如下。

(1) 网站前端采用 Vue 3 组合式 API 编程风格。

(2) 网站的后端采用 PHP 语言编写接口实现具体业务逻辑。

(3) 网站的数据存储在 MySQL 数据库中。

(4) 采用路由实现组件间的跳转及访问权限控制。

(5) 采用 Axios 实现网络请求,并通过 QS 库序列化要传递到后端的数据。

(6) 网站采用 pinia 实现数据状态管理。

16.3　项 目 实 施

1. 创建应用

确定项目位置并使用 npm create vue@latest 命令创建 Vue 应用 myapp。在创建的过程中,选择安装 Vue Router 和 pinia 插件。

2. 安装相关插件

(1) QS 库:用于对提交的数据进行序列化。

(2) Axios:用于发送网络请求。

(3) pinia-plugin-persistedstate:用于实现 pinia 状态持久化。

创建应用

安装相关插件

3. 安装 phpStudy 和 phpMyAdmin

phpStudy 是一个 PHP 调试环境的程序集成包。该程序包集成最新的 Apache＋PHP＋MySQL＋phpMyAdmin＋ZendOptimizer,一次性安装,无须配置即可使用,是非常方便、好用的 PHP 调试环境。该程序不仅包括 PHP 调试环境,还包括了开发工具、开发手册等。

phpMyAdmin 是一个以 PHP 为基础,以 Web-Base 方式架构在网站主机上的 MySQL 的数据库管理工具,让管理者可用 Web 接口管理 MySQL 数据库。

安装 phpStudy 和 phpMyAdmin

4. 设计数据库

(1) 使用 MySQL 创建 itemdb 数据库,字符集为 UTF-8,排序规则为 utf8_general_ci。

(2) 根据表 16-1 设计数据表 admin。

创建数据库

179

表 16-1　数据表 admin

字段名	类型(长度)	主键	外键	空	唯一	默认值	说　明
id	int	是	否	否	是	无	记录 ID
user	Varchar(30)	否	否	否	是	无	账号
Passwd	Varchar(32)	否	否	否	否	无	密码

为了方便测试,admin 表创建完成后,录入一条记录,如账号为 admin,密码为 admin

(3) 根据表 16-2 设计数据表 article。

表 16-2　数据表 article

字段名	类型(长度)	主键	外键	空	唯一	默认值	说　明
id	int	是	否	否	是	无	记录 ID
title	varchar(50)	否	否	否	否	无	古诗标题
dynasty	varchar(10)	否	否	否	否	无	朝代
author	varchar(10)	否	否	否	否	无	作者
dontent	text	否	否	否	否	无	古诗内容

5. 开发服务端接口

以下以 PHP 语言为例写后端接口,服务器地址为 http://
localhost:8080/。

开发服务端接口

(1) 数据库连接文件。数据库连接文件 conn.php 的代码如下。

```php
<?php
$ servername = "localhost";
$ username = "root";
$ password = "root";
$ database = "itemdb";
$ conn = mysqli_connect( $ servername, $ username, $ password, $ database);
if(! $ conn){
    echo "数据库连接失败!";
}
?>
```

(2) 跨域数据请求文件。跨域数据请求文件 request.php 的代码如下。

```php
<?php
//跨域请求设置
header("Access-Control-Allow-Origin: * ");                                  //指定允许其他域名访问
header("Access-Control-Allow-Credentials:true");                            //跨域资源共享
header("Access-Control-Allow-Headers:Origin,X-Requested-With,Content-Type,Accept,
platform,token");                                                           //响应头设置
header("Access-Control-Allow-Methods:GET,POST,PUT,DELETE,OPTIONS,PATCH");    //响应类型
if( $ _SERVER['REQUEST_METHOD'] == 'OPTIONS'){
    exit();
}
?>
```

（3）登录验证接口。登录验证接口 api_checkuser. php 的代码如下。

```php
<?php
require_once "request.php";           //引入跨域数据请求文件
require_once "conn.php";              //引入数据连接
//接收前端传来的数据
$user = $_POST['user'];
$passwd = $_POST['passwd'];
$sql = "SELECT * FROM admin WHERE user = '". $user."' AND passwd = '". $passwd."'";
//执行 SQL
$result = mysqli_query( $conn, $sql);
//统计结果集记录的条数
$num = mysqli_num_rows( $result);
if( $num > 0){
    echo "yes";
}else{
    echo "no";
}
mysqli_close( $conn);
?>
```

（4）获取古诗接口。获取古诗接口 api_getinfo. php 的代码如下。

```php
<?php
require_once "request.php";
include 'conn.php';
//查询语句
if( $_POST['id']!= ''){
    $sql = "SELECT * FROM article WHERE id = '". $_POST['id']."'";
}else{
    $sql = "SELECT * FROM article";
}
//执行查询语句
mysqli_query( $conn,"set names 'utf8'");
$result = mysqli_query( $conn, $sql);
//把结果集的数据存入数组
while( $row = mysqli_fetch_array( $result)){
    $stuarr[] = $row;
}
//把数组转换成 JSON 的数据格式
echo json_encode( $stuarr);
//关闭数据库连接
mysqli_close( $conn);
?>
```

（5）添加古诗接口。添加古诗接口 api_insert. php 的代码如下。

```php
<?php
require_once "request.php";
```

181

```php
require_once "conn.php";
//接收前端传来的数据
$title = $_POST['title'];
$dynasty = $_POST['dynasty'];
$author = $_POST['author'];
$content = $_POST['content'];
$sql = " INSERT INTO article(title, dynasty, author, content) VALUES('". $title."', '".
$dynasty."', '". $author."', '". $content."')";
//执行SQL
mysqli_query($conn,"set names 'utf8'");
if(mysqli_query($conn, $sql)){
    echo "yes";
}else{
    echo "no";
}
mysqli_close($conn);
?>
```

(6) 修改古诗接口。修改古诗接口 api_update.php 的代码如下。

```php
<?php
require_once "request.php";
require_once "conn.php";
//接收前端传来的数据
$id = $_POST['id'];
$title = $_POST['title'];
$dynasty = $_POST['dynasty'];
$author = $_POST['author'];
$content = $_POST['content'];
//SQL(注意:在写SQL语句时不要换行)
$sql = "UPDATE article SET title = '". $title."', dynasty = '". $dynasty."', author = '".
$author."',
content = '". $content."' WHERE id = '". $id."'";
//执行SQL
mysqli_query($conn,"set names 'utf8'");
if(mysqli_query($conn, $sql)){
    echo "yes";
}else{
    echo "no";
}
mysqli_close($conn);
?>
```

(7) 删除古诗接口。删除古诗接口 api_deleteinfo.php 的代码如下。

```php
<?php
require_once "request.php";
require_once "conn.php";
//接收前端传来的数据
$id = $_POST['id'];
```

```
$sql = "DELETE FROM article WHERE id = '". $id. "'";
//执行 SQL
if(mysqli_query( $ conn, $ sql)){
    echo "yes";
}else{
    echo "no";
}
mysqli_close( $ conn);
?>
```

6. 创建样式表文件

在目录 src/assets 下创建 style. css 文件,并撰写全局样式和页面主
体样式如下。

创建样式
表文件

```
/* 全局样式 */
* {padding:0px;margin:0px;}
a{text - decoration: none;}
/* 页面主体样式 */
body {background - image: url(../../assets/flower. PNG); background - repeat: no - repeat;
    background - position: right top;background - size: 25 % ;}
```

7. 创建仓库

在目录 src/components 下创建 useArticleStore. js 文件,具体代码
如下。

创建仓库

```
import {defineStore} from 'pinia'
import {ref} from 'vue'
export const useArticleStore = defineStore(
  'articlestore',
  () = >{
    const isLogin = ref(null)
    const user = ref('')
    return{
      isLogin,user
    }
  },
  {persist: true,}
)
```

8. 设计项目前台

在目录 src/components 下创建前台页面相关组件。

设计项目前台

(1) 创建 index. vue 组件。该组件作为其他组件的根组件,用于渲
染输出其他组件。index. vue 组件的代码如下。

```
< template >
  < router - view ></router - view >
```

```
</template>
```

（2）创建 top.vue 组件。该组件作为网站页头，具体代码如下。

```
< template >
  < div class = "top">古诗欣赏</div >
</template >
```

该组件的样式代码如下，样式写在 style.css 文件中。

```
/*页头样式*/
.top{height:120px;background-color: green;text-align: center;
  line-height: 120px;font-size:35px;color: #fff;opacity: .8;}
```

（3）创建 main.vue 组件。该组件为输出古诗标题列表，具体代码如下。

```
< template >
  < Top ></Top > <!-- 输出页头组件 -->
  < div class = "menu">
    <!-- 输出古诗标题 -->
    < template v-for = "(item,index) in articles" :key = "index">
      < router-link :to = "{name:'show', params:{id:item.id}}" >{{item.title}}</router-
        link >
    </template >
  </div >
  < div class = "main">
    <!-- 创建路由视图,用于渲染古诗内容 -->
    < router-view ></router-view >
  </div >
  < Footer ></Footer > <!-- 输出页脚组件 -->
</template >
< script setup >
  import Top from './top.vue'        //引入页头组件
  import Footer from './footer.vue'    //引入页脚组件
  import {ref} from 'vue'
  import axios from 'axios'
  const articles = ref('')
  axios //请求后端接口
    .get("http://localhost:8080/api_getinfo.php")
    .then(({data}) =>{
        articles.value = data
    })
</script >
```

该组件的样式代码如下，样式写在 style.css 文件中。

```
/*古诗标题列表样式*/
.menu{width:1000px;border:1px solid gainsboro;min-height: 120px;height: auto;
    margin-left:auto;overflow: hidden;margin-right:auto;margin-top:20px;
    padding:20px;box-sizing: border-box;border-radius: 7px;
    background-color: #fff;opacity: .9;}
```

```
.menu a{display: block;width:150px;height:40px;text - align:center;line - height:40px;
    float:left;margin - right:8px;text - decoration: none;border - radius: 7px;
    font - family: 微软雅黑;font - size:17px;}
.menu a:hover{background - color: #00B22D;color:yellow}
.router - active{background - color: #00B22D;color:yellow}
```

（4）创建 content. vue 组件。该组件用于显示古诗的内容，具体代码如下。

```
< template >
< div >
    < p class = "title">
        {{ title }}< br />
        < span >{{ dynasty }}  {{ author }}</span >
    </p >< br >
    < p class = "content" v - html = "content"></p >
</div >
</template >
< script setup >
    import axios from 'axios'
    import qs from 'qs'
    import {ref,watch} from 'vue'
    import {useRoute} from 'vue - router'
    const title = ref('')
    const dynasty = ref('')
    const author = ref('')
    const content = ref('')
    const myroute = useRoute()
    watch(() = > myroute. params. id,() = >{ //监听路由 ID
        axios //请求接口获取后端数据
        . post ("http://localhost:8080/api_getinfo.php",qs. stringify({id:myroute. params.
            id}))
            . then(({data}) = >{
                title. value = data[0]. title
                dynasty. value = data[0]. dynasty
                author. value = data[0]. author
                content. value = data[0]. content
            })
    },
    { immediate: true })
</script >
```

该组件的样式代码如下，样式写在 style. css 文件中。

```
/ * 古诗内容列表样式 * /
.main{width:960px;border:1px solid rgb(232, 232, 232);
  min - height: 600px;height:auto;margin:20px auto 10px;
  text - align:center;padding:20px;border - radius: 7px;
  background - color: #fff;opacity: .9;}
.main .title{font - size:25px;font - family: 微软雅黑;}
.main .title span{font - size:18px;font - weight: 100;}
```

```
.main .content{font - size:21px;font - family: 微软雅黑;}
```

（5）创建 welcome.vue 组件。该组件作为欢迎页,具体代码如下。

```
< template >
    < h2 >你今天学古诗了吗</h2 >
    < p >学古诗是让我们了解古人的思想,学习他们的高尚情操,也是我们一步步向上学习的过
        程,只有这样我们才能不断地向上攀登,超越古人。古典诗词不仅浓缩了国家民族发展的方
        方面面,也概括了人民生活的细枝末节,是中国历史的精华。古典诗词有助于今人更好地理
        解历史,理解中国文化含蓄内敛的特征。中国的文化精英讲究精神交流,文人墨客都是在一
        唱一和中表达观点的。</p >
    < p >中国是世界上唯一的历史悠久、绵延不绝的国家,这是中国与众不同、卓然独立的关键所
        在。比起西方国家,中国的文化传统、民族性格有截然不同的地方。比如说西方国家的艺术
        代表是雕塑建筑,而中国则是诗歌书画。历史传统注重诗歌教育,而诗歌创作和推广更是绝
        无仅有的,从周朝开始的采风辑《诗经》,到孔子不遗余力地推广教化,这是中国现实主义精神
        传统的发轫,自此中国人的智慧总结就离不开诗歌表达。</p >
    < p >古典诗词陶冶了中国人的性情,培养了中国精英的胸襟和豪情。正如中国文化是一脉传
        承的,在文学艺术创作中今人都能汲取到古典诗词的智慧。</p >
    < p >古典诗词是绝无仅有的精神宝库,它涵盖了中国人的多种精神情感。无论世界多极化如
        何发展,国际情势如何复杂,运筹帷幄、纵横捭阖的中国人都不会失去信心,那一首首绮丽诗
        篇将为中华民族的崛起提供强有力的精神支撑。</p >
</template >
< style scoped >
    h2{height:50px;line - height:.50px;}
    p{text - indent: 2em;text - align: left;line - height:30px;color:rgb(90, 90, 90)}
    p.title{font - weight:bold;}
</style >
```

（6）创建 footer.vue 组件。该组件是页脚组件,具体代码如下。

```
< template >
    < div class = "footer">
        版权所有:古诗欣赏团队  
        < router - link to = "/login">后台入口</router - link >
    </div >
</template >
```

该组件的样式代码如下,样式写在 style.css 文件中。

```
. footer { height: 60px; text - align: center; font - size: 13px; color: # 4b4b4b; line -
    height: 50px;}
```

9. 开发项目后台

在目录 src/components 下创建后台相关组件。

（1）创建 login.vue 组件。

该组件是后台登录页面,具体代码如下。

开发项目后台

```
< template >
    < Top ></Top >
```

```
    <div class="main_login">
        <h3>管理登录入口</h3>
        <p>账号:<input type="text" placeholder="请输入账号" v-model="user"></p>
        <p>密码:<input type="password" placeholder="请输入密码" v-model="passwd">
        </p>
        <p><input type="button" class="btn" value="提交" v-on:click="postdata"></p>
    </div>
</template>
<script setup>
    import axios from 'axios'
    import qs from 'qs'
    import {ref} from 'vue'
    import {useRouter} from 'vue-router'
    import {useArticleStore} from './articleStore.js'
    import Top from './top.vue'
    const mystore = useArticleStore()
    const router = useRouter()
    const user = ref('')
    const passwd = ref('')
    const postdata = () =>{
        axios
        .post("http://localhost:8080/api_checkuser.php",qs.stringify({
            user:user.value,
            passwd:passwd.value
        }))
        .then(({data}) =>{
            if(data.trim() == 'yes'){
                mystore.isLogin = 'yes'
                mystore.user = user.value
                alert('登录成功!')
                router.push('/manage')
            }else{
                alert('登录失败!')
                router.push('/login')
            }
        })
    }
</script>
```

该组件的样式代码如下,样式写在 style.css 文件。

```css
.main_login{position: absolute;width:340px;left:50%;margin-left:-170px;margin-top:
    20px;border-radius: 7px;}
.main_login h3{text-align:center;margin-top:20px;margin-bottom:30px;}
.main_login p{height:50px;}
.main_login p:first-child{font-weight: bold;}
.main_login input{width: 280px; height: 30px; border-radius: 15px; border: 1px solid
    gainsboro;text-align: center;}
.main_login input.btn{width:90px;height:30px;background-color: #008000;color: #fff;
    border: 1px solid gainsboro;box-shadow: 5px 6px 10px gray;cursor: pointer;}
```

```
.main_login input.btn:hover{background-color:firebrick;}
.main_login p:last-child{text-align:center;margin-top:20px;}
```

（2）创建 nav.vue 组件。

该组件是后台导航栏，具体代码如下。

```
<template>
  <div class="nav">
    <div class="content">
      <router-link to="/add">添加古诗</router-link>
      <router-link to="/manage">管理古诗</router-link>
      <router-link to="/" @click.native="logout" v-if="mystore.isLogin=='yes'">退
        出系统</router-link>
      <div>欢迎<span>{{ mystore.user }}</span>进入系统!</div>
    </div>
  </div>
</template>
<script setup>
  import {useRouter} from 'vue-router'
  import {useArticleStore} from './articleStore.js'
  const mystore = useArticleStore()
  const router = useRouter()
  const logout = () =>{ //退出后台方法
    mystore.isLogin = null
    mystore.user = null
    alert('退出成功')
    router.push('/')
  }
</script>
```

该组件的样式代码如下，样式写在 style.css 文件中。

```
.nav{height:40px;background-color:#008000;opacity:.9;}
.nav .content{height:40px;width:1000px;margin-left:auto;margin-right:auto;}
.nav .content a{display:inline-block;height:40px;line-height:40px;width:150px;
    color:#fff;text-align:center;text-decoration:none;font-weight:bold;}
.nav .content a:hover{background-color:firebrick;}
.nav .content div{float:right;height:40px;line-height:40px;color:#fff;}
.nav .content div span{color:yellow;font-weight:bold;}
```

（3）创建 article_manage.vue 组件。

该组件是古诗管理列表页，具体代码如下。

```
<template>
  <Top></Top>
  <Nav></Nav>
  <div class="main_manage">
    <p class="title">文章列表</p>
    <table class="news_list">
      <tr>
```

```
              <td>标题</td>
              <td>操作</td>
          </tr>
          <tr v-if="articlelist!=''" v-for="(item,index) in articlelist" :key="index">
              <td>{{item.title}}</td>
              <td>
                  <input type="button" value="修改" @click="showarticle(item.id)">
                        
                  <input type="button" value="删除" @click="deletearticle(item.id)">
              </td>
          </tr>
          <tr v-else>
              <td colspan="2" style="color:red;">暂无记录!</td>
          </tr>
      </table>
    </div>
</template>
<script setup>
    import Top from './top.vue'
    import Nav from './Nav.vue'
    import axios from 'axios'
    import qs from 'qs'
    import {ref} from 'vue'
    import {useRouter} from 'vue-router'
    const router = useRouter()
    const articlelist = ref('')
    const getarticle = () =>{ //定义获取古诗的方法
       axios.get("http://localhost:8080/api_getinfo.php").then(({data}) =>{
          if(data == null){
            articlelist.value = ''
          }else{
            articlelist.value = data
          }
       })
    }
    getarticle() //获取古诗
    //删除古诗
    const deletearticle = (id) =>{
       axios.post("http://localhost:8080/api_deleteinfo.php",qs.stringify({id:id})).then
          (({data}) =>{
          if(data.trim() == 'yes'){
            alert('删除成功!')
            getarticle()
          }else{
            alert('删除失败!')
          }
       })
    }
    //修改古诗
```

189

```
    const showarticle = (id) =>{
       router.push('/article_modify/' + id)
    }
</script>
```

该组件的样式代码如下,样式写在 style.css 文件中。

```
/* 古诗管理页面 */
.main _ manage{width:1000px;margin - left:auto;margin - right:auto;background - color:
     #fff;opacity:0.9;}
.main_manage .title{font - size:22px;font - weight: bold;height:30px;line - height: 30px;}
.news_list{border:1px solid rgb(239, 239, 239);width:100%;border - collapse: collapse;}
.news_list tr:first - child{font - weight: bold;background - color: #fbfbfb;}
.news_list tr:not(:first - child):hover{background - color: #fbfcf1;}
.news _list td{border:1px solid rgb(235, 235, 235);height:35px;padding:5px;padding -
     left:15px;}
```

(4) 创建 article_add.vue 组件。

该组件是添加古诗页面,具体代码如下。

```
<template>
    <Top></Top>
    <Nav></Nav>
    <div class = "main_add">
        <h3>添加古诗</h3>
        <p>标题:<input type = "text" placeholder = "请输入标题" v - model = "title"></p>
        <p>朝代:<input type = "text" placeholder = "请输入朝代" v - model = "dynasty"></p>
        <p>作者:<input type = "text" placeholder = "请输入作者" v - model = "author"></p>
        <p>内容:<br><textarea cols = "80" rows = "10" placeholder = "请输入内容" v -
            model = "content"></textarea></p>
        <p><input type = "button" class = "btn" value = "提交" @click = "postdata"></p>
    </div>
</template>
<script setup>
    import axios from 'axios'
    import qs from 'qs'
    import {ref} from 'vue'
    import {useRouter} from 'vue - router'
    import Top from './top.vue'
    import Nav from './nav.vue'
    const myrouter = useRouter() //创建路由实例
    const title = ref('')
    const dynasty = ref('')
    const author = ref('')
    const content = ref('')
    const postdata = () =>{
      axios.post("http://localhost:8080/api_insert.php",qs.stringify({
        title:title.value,
        dynasty:dynasty.value,
        author:author.value,
```

190

```
      content:content.value
  })).then(({data}) =>{
    if(data.trim() == 'yes'){
      alert('添加成功!')
      //编程式导航
      myrouter.push('/manage')
    }else{
      alert('添加失败!')
    }
  })
 }
</script>
```

该组件的样式代码如下,样式写在 style.css 文件中。

```css
/* 添加古诗页面 */
.main_add{background-color: #fff;width:950px;border:1px solid rgb(242, 241, 241);
    border-radius: 3px;margin-top:30px;margin-left:auto;margin-right:auto;
    padding-left:50px;opacity: .8;padding-top:20px;padding-bottom:20px;}
h3{ margin-top:20px;margin-bottom:30px;}
.main_add p:first-child{font-weight: bold;}
.main_add input{width:280px;height:30px;border-radius:15px;border:1px solid gainsboro;
    text-align: center;}
.main_add textarea{border:1px solid gainsboro;padding:10px}
.main_add .btn{width:90px;height:34px;line-height: 34px;background-color:#008000;
    color: #fff;border: 1px solid gainsboro;cursor: pointer;margin-top: 30px;border-
    radius: 20px;}
.main_add .btn:hover{background-color:firebrick;}
```

(5) 创建 article_modify.vue 组件。

该组件是修改古诗页面,具体代码如下。

```html
<template>
    <Top></Top>
    <Nav></Nav>
    <div class="main_add">
        <p>修改唐诗</p>
        <p>标题:<input type="text" placeholder="请输入标题" v-model="title"></p>
        <p>朝代:<input type="text" placeholder="请输入朝代" v-model="dynasty"></p>
        <p>作者:<input type="text" placeholder="请输入作者" v-model="author"></p>
        <p>内容:<br><textarea cols="80" rows="10" placeholder="请输入内容" v-
            model="content"></textarea></p>
        <p><input type="button" class="btn" value="提交" @click="postdata"></p>
    </div>
</template>
<script setup>
  import Top from './top.vue'
  import Nav from './nav.vue'
  import {ref} from 'vue'
  import {useRoute,useRouter} from 'vue-router'
```

```
import axios from 'axios'
import qs from 'qs'
const route = useRoute()
const router = useRouter()
//console.log(route.params.id)
const title = ref('')
const dynasty = ref('')
const author = ref('')
const content = ref('')
axios
.post("http://localhost:8080/api_getinfo.php",qs.stringify({id:route.params.id}))
.then(({data}) =>{
  console.log(data[0])
  title.value = data[0].title
  dynasty.value = data[0].dynasty
  author.value = data[0].author
  content.value = data[0].content
})
//向接口提交数据
const postdata = () =>{
  axios
  .post("http://localhost:8080/api_update.php",qs.stringify({
    id:route.params.id,
    title:title.value,
    dynasty:dynasty.value,
    author:author.value,
    content:content.value
  }))
  .then(({data}) =>{
    if(data.trim() == 'yes'){
      alert('修改成功!')
      router.push('/manage')
    }else{
      alert('修改失败!')
      router.push('/manage')
    }
  })
}
</script>
```

创建路由文件

10. 创建路由文件

在目录 src/components 下创建 router.js 路由文件,具体代码如下。

```
//引入 createRouter()函数
import {createRouter,createWebHashHistory} from 'vue-router'
import {useArticleStore} from './useArticleStore.js'
//路由懒加载技术
const Main = () => import('./main.vue')
const Content = () => import('./content.vue')
```

```
const Welcome = () => import('./welcome.vue')
const Add = () => import('./article_add.vue')
const Manage = () => import('./article_manage.vue')
const Article_modify = () => import('./article_modify.vue')
//创建路由实例
const router = createRouter({
  //指定路由的工作模式
  history:createWebHashHistory(),
  //自定义激活路由的样式
  linkActiveClass:'router-active',
  //定义路由规则
  routes:[
    {path:'/', redirect:'/list'}, //路由重定向
    {path:'/add', component:Add},
    {
      path:'/list',
      component:Main,
      redirect:'/list/content',
      children:[
        {
          path: 'content',
          component: Welcome,
        },
        {path:'/list/content/:id', component:Content, name:'show'}
      ]
    },
    {path:'/manage', component:Manage},
    {path:'/article_modify/:id', component:Article_modify, name:'modifyarticle'},
    {path:'/login', component:() => import('./login.vue')}
  ]
})
//导航守卫(全局前置守卫)
router.beforeEach((to, from, next) =>{
  const mystore = useArticleStore()
  if(to.path == '/add' || to.path == '/manage' || to.path == '/article_modify'){
    if(mystore.isLogin == 'yes'){
      next()
    }else{
      alert('你无权限访问!')
      router.push('/login')
    }
  }else{
    next()
  }
})
//导出路由
export default router
```

11. 挂载路由和仓库

在 main.js 文件中,挂载路由和仓库,具体代码如下。

挂载路由和仓库

```
import './assets/css/style.css'
import { createApp } from 'vue'
import App from './components/index.vue'
//引入路由文件
import router from './components/router'
//创建 pinia 实例
import {createPinia} from 'pinia'
import piniaPluginPersistedstate from 'pinia-plugin-persistedstate'
const pinia = createPinia()
pinia.use(piniaPluginPersistedstate)
//创建实例(应用)
const app = createApp(App)
//挂载 pinia
app.use(pinia)
//挂载路由
app.use(router)
//挂载实例
app.mount('#app')
```

12. 运行项目

以上步骤完成后,在终端通过 npm run dev 命令即可运行项目。

13. 打包和发布项目

(1)打包项目。网站项目完成后,可以使用以下命令打包 Vue 项目。

运行项目

```
npm run build
```

执行完毕,会在 Vue 项目下会生成一个 dist 目录,该目录一般包含 index.html 文件及 static 目录,static 目录包含了 JavaScript 静态文件、CSS 文件以及图片目录 images。

项目的打包与发布

(2)发布项目。把打包生成的文件夹 dist 复制到 Web 服务器进行发布即可。

附录　1+X 专题

根据 Web 前端开发职业技能等级标准(2021 年 2.0 版),本书的内容对接高级证书的"静态网站制作"工作领域中的"Vue.js 前端框架应用"工作任务,具体的职业技能要求如下。

- 能引入 Vue.js 前端框架。
- 能使用 Vue.js 的基础语法、组件、路由等构建用户界面。
- 能使用常用 UI 库美化网页。
- 能使用 Vuex 管理用户状态。
- 能使用 Axios 与服务器端通信。
- 能使用 Vue CLI 构建前端页面。

Web 前端开发职业技能等级标准(2021 年 2.0 版)如下。

Web 前端开发职业技能等级标准